>>> 杨莉 杨雷 李莉 主编

TUSHUO CAOMEI ZAIPEI
GUANJIAN JISHU

图说草莓栽培

关键技术

U0393026

化学工业出版社

·北京·

本书是作者团队在总结多年草莓生产实践经验和科研成果的基础上编写而成的。

本书通过 240 余张高清彩色图片，以图文结合的形式系统介绍了当前我国草莓栽培的关键技术，包括草莓的特征特性、草莓优良新品种、草莓繁殖方式及育苗技术、草莓栽培技术，以及草莓主要病虫草害防治技术等内容。此外，还重点介绍了当前草莓的无土栽培技术。本书文字简练，重点突出，便于草莓种植者学习和操作。

本书非常适合广大草莓种植者、农业生产技术推广人员使用，也可供农业院校果树栽培等专业师生参考。

图书在版编目（CIP）数据

图说草莓栽培关键技术/杨莉，杨雷，李莉主编. —北京：化学工业出版社，2015.3（2022.10 重印）
ISBN 978-7-122-22951-9

Ⅰ.①图…　Ⅱ.①杨…②杨…③李…　Ⅲ.①草莓-果树园艺-图解　Ⅳ.①S668.4-64

中国版本图书馆CIP数据核字（2015）第026388号

责任编辑：刘　军　　　　　　文字编辑：谢蓉蓉
责任校对：边　涛　　　　　　装帧设计：IS溢思视觉设计

出版发行：化学工业出版社
　　　　　（北京市东城区青年湖南街13号　邮政编码100011）
印　　装：天津图文方嘉印刷有限公司
880mm×1230mm　1/32　印张5¼　字数179千字
2022年10月北京第1版第9次印刷

购书咨询：010-64518888
售后服务：010-64518899
网　　址：http://www.cip.com.cn
凡购买本书，如有缺损质量问题，本社销售中心负责调换。

定　　价：29.80元　　　　　　　　　　　版权所有　违者必究

本书编写人员名单

主　　编　　杨　莉　　杨　雷　　李　莉

副 主 编　　张建军　　杨秋叶

编写人员　　杨　莉　　杨　雷　　李　莉　　张梅申

　　　　　　杜晓东　　张建军　　杨秋叶　　王　雪

前言

　　草莓果实色泽艳丽、柔软多汁、酸甜适口、香味浓郁、营养丰富，素有"水果皇后"、"活的维生素丸"、"早春第一果"等美称，草莓还有消炎、止疼、清热、通经、驱毒、抗癌等多种功效，深受国内外消费者的喜爱。草莓果实不仅可以用于鲜食，还可用于加工，加工品有速冻草莓、冻干草莓、草莓罐头、草莓酱、草莓汁、草莓果脯、草莓酒及草莓蜜饯等多种产品。草莓栽培有日光温室及大拱棚促成、日光温室及大中小拱棚半促成、露地等多种形式。利用不同的形式及不同地区的气候差异进行栽培，基本上实现了草莓鲜果周年供应。草莓生长周期短、适宜范围广、易调控、投资少、见效快、经济效益高，在世界范围内得到了广泛的栽培和发展。世界草莓栽培总面积约40万公顷，年产量600万吨。草莓日光温室栽培是我国的特色产业，上市早，产量高，果实双节供应及早春观光采摘，效益非常好，近年来发展十分迅速，已成为我国草莓栽培形式的主力军。目前我国草莓栽培总面积超过了10万公顷，年产量超过了200万吨，已成为世界草莓第一生产大国。特别是借着2012年2月世界草莓大会于北京召开的东风，以及国家公益性行业（农业）科研专项及国家科技支撑计划的大力支持，草莓产业阳光无限，新品种、新技术的研究单位不断增多，研究范围不断扩大，科技创新能力成倍增强，科研成果不断涌现，对我国草莓产业健康稳定的发展起到了强有力的技术支撑作用。

　　但是，我国草莓新品种选育速度和质量、草莓生产水平等与美国、日本等先进国家相比还存在一定差距，与目前我国草莓产业的快速发展和消费者对果品高标准的要求极不相称。同时，随

着世界植物新品种保护法律、法规的日渐规范与健全，今后我国引进、繁育与大面积推广、利用国外新品种及出口其果品，都要付出高昂代价。因此，培育拥有自主知识产权的优良草莓新品种及其配套栽培技术势在必行。为了适应新的发展形势，加大草莓新品种、新技术的推广应用力度，提高农民种植草莓的技术水平，获得更大的经济和社会效益，促进我国草莓产业的进一步发展，针对目前我国草莓生产中存在的诸多问题，我们在总结多年草莓生产研究经验的基础上，参考和查阅了大量的相关文献资料，编写了此书。本书插入了大量的实拍高清图片及示意图，力求内容科学实用，技术先进，通俗易懂，图说草莓的主要特征特性，使草莓生产者能更好地理解和应用草莓的优良新品种、育苗技术、栽培管理、主要病虫害防治等关键技术，适宜广大果农和草莓科技工作者参考使用。

由于编者水平有限，疏漏与不足之处在所难免，敬请广大读者批评指正。

杨莉

2015年1月

目　录

>>> **第一章** 草莓的特征特性

>>> **第二章** 草莓优良新品种

>>> **第三章** 草莓繁殖方式及育苗技术

>>> **第四章** 草莓栽培技术

>>> 第五章 草莓主要病虫草害防治技术

第一章

草莓的特征特性

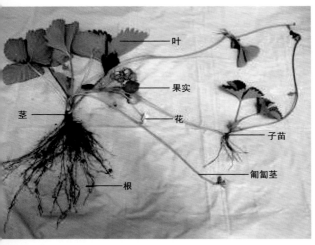

图1-1 草莓完整植株

草莓是多年生草本植物，在园艺学分类中，草莓属于浆果类果树。草莓植株矮小，高度一般在 10～40cm。植株包括根、茎、叶、花序（花茎、花、果实、种子）、匍匐茎（图1-1）。根系浅，茎短缩，节间一般为 2mm 左右，叶多为三出复叶。聚伞花序，花两性，多为白色，果实柔软多汁，多呈红色，种子均匀着生在果面上。从叶腋处发生沿地面前伸的匍匐茎，是草莓的无性繁殖器官。

一、草莓的根与茎

（一）草莓的根

草莓的根系为茎源根系，由初生根、侧根和根毛组成。初生根发自短缩茎基部，直径为 1～1.5mm，每株大约 20～50 条，多时达 100 条以上。从初生根上又分生许多侧根，侧根上密生根毛。新发出的初生根呈乳白色，随着年龄的增长逐渐老化变为浅黄色以至暗褐色，最后近黑色而死亡。然后上部新茎又产生新的初生根，代替死亡的根而继续生长。随着茎的生长，新根的发生部位逐渐上移，如果茎暴露于地面，则不利于新根的发生，若能及时培土保湿，可促进新根萌发和生长。草莓根系在土壤中分布浅，大部分根集中分布于 0～20cm 的土层内，20cm 以下的土层根系分布明显减少，长的可达 50cm（图1-2）。根系分布深度与品种、栽植密度、土壤质地、耕作层深浅、温度和湿度等有关。

草莓根系生长动态与地上部生长动态大致相反。秋季根系生长最旺盛，冬季休眠期停止生长或缓慢生长，早春又开始旺盛生长，在叶和果实生长期的春至夏季根系生长缓慢，在果实膨大期部分根枯死。草莓根系在北方地区一年内有三次生长高峰，在花序初显期达到第一次生长高峰，石家庄地区露地栽培一般在 4 月份；果实采收后，母株新茎和匍匐茎生长期进入第二次生长高峰，一般在 7 月份；9 月中旬至初冬，随着叶片养分的回流积累，形成第三次生长高峰。南方草莓根系一年有 2 次生长高峰，分别在 4 ～ 6 月和 9 ～ 10 月份。一年中，早春根系比地上部开始生长约早10d 左右，先是前一年生未老化的根加长生长，然后才从短缩茎上发生新根，即开花期以前，根以加长生长为主，少有侧根产生，随着开花期的到来，白色越冬根加长生长停止，而新的初生根则从短缩茎开始发生。由于根的形成层极不发达，次生生长不明显，因此根的加粗生长较少，达到一定粗度后就不再加粗。因此，草莓没有一般植物所具有的直根，也无主侧根之分，是须根系（图1-3）。

根系生长与土壤的温度、水分、通气性、酸碱度、肥力等条件有关。草莓根系生长的最低温度为 2℃左右，最适温度 20℃左右，最高温度为36℃。10℃以下时，根系生长缓慢，在 -8℃时根系会受冻害。根系的生长状况，可以通过地上部生长的形态来判断，凡地上部生长良好，早晨叶缘具有水珠的植株，说明白色吸收根或浅黄色根较多，根系生命力强，活动旺盛。

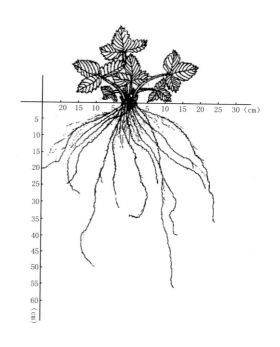

图1-2 草莓的根系

图1-3 草莓须根系

　　草莓根系分布浅，植株小，叶面积较大而叶片更新频繁，浆果含水量高，营养繁殖快，因此，根系生长对土壤浅层水分要求较高，既不抗旱也不耐涝。土壤干旱缺水时，根系发育受阻，老化加快，严重时干枯死亡，同时土壤盐类浓度上升，根系易出现盐中毒；而土壤过湿时，通气不良，根系呼吸作用和其他生理活动受到抑制，初生根木质化加快，根系功能衰退，特别是在盛夏大雨后，土壤高温高湿，极易发生根系腐烂。

　　土壤的酸碱度影响着土壤中有机质和矿物质的分解和利用，也影响土壤中微生物的活动。草莓适宜在中性或微酸的土壤中生长，土壤 pH 值 5.6～7.0 为宜。但草莓对盐碱性土壤也有一定的耐性，如浙江省杭州市下沙的土壤为盐碱地，土壤 pH 值 8.2，采用淡水灌溉，草莓生长良好，且果实成熟早，品质较好。

（二）草莓的茎

　　草莓的茎根据形态和功能可分为新茎、根状茎和匍匐茎三类。

1. 新茎

　　新茎是当年萌发的短缩茎，它着生于根状茎上（图 1-4），成弓背形。新茎短缩，节间密集，新茎加粗生长较旺盛，加长生长却很少，每年加长生长仅 0.5～2cm。新茎上密集轮生具长叶柄的叶片，基部产生不定根，新茎的顶芽到秋季可形成混合花芽，为主茎第一花序。在紧靠顶芽下的第一叶腋着生的侧芽，具有较强的顶端优势，可长出一个强壮的侧枝与主茎联合在一起，代替了主茎的位置，将主茎形成的花芽挤向一方，使新茎成为弓背形状（图 1-5）。侧枝的生长点在适宜的条件下又可形成混合花芽，为主茎第二花序。叶腋着生腋芽，腋芽具有早熟性，当年可萌发，有的萌发成为匍匐茎，有的萌发成为新茎分枝，新茎分枝在开花结果时有少量发生，大量发生期是在采收之后。新茎分枝发生的数量与品种、株龄和栽培条件有关。一般可形成新茎分枝 3～9 个，株龄大的植株最多可达 20 个以上。新茎第二年就成为根状茎。

2. 根状茎

　　根状茎是草莓多年生的木质化短缩茎。当第二年新茎上的叶片全部枯死脱落后，就成为外形似根的根状茎。根状茎是一种具有节和年轮的地下茎，

图1-4 草莓的新茎及根状茎

图1-5 草莓的弓背

是营养物质的贮藏器官，根状茎上也发生不定根。2 年以上的根状茎，自下向上、由里向外逐渐衰老死亡，先变成褐色，后变成黑色，其上根系也随着死亡。因此，根状茎越老，地上部生长也越差。草莓新茎上未萌发的腋芽，便成为根状茎上的隐芽，当地上部分受到损伤时，可萌发生长出新茎，新茎基部生长出新的根系，迅速恢复生长。

3. 匍匐茎

　　匍匐茎是草莓匍匐延伸的一种特殊的地上茎，又称走茎，是草莓主要的繁殖器官。匍匐茎柔软细长，由新茎的腋芽萌发形成，匍匐茎因品种不同有红有绿（图1-6）。栽培种大果凤梨草莓抽生的葡萄茎都是在偶数节位着生匍匐茎幼苗，偶数节位的生长点抽生短缩新茎，在新茎第三片叶显露前开始发生不定根，扎入土中，形成第一代子株。第一代子株又可抽生第二代匍匐茎，产生第二代子株，第二代子株又可抽生第三代匍匐茎，产生第三代子株。依此类推，可形成多代匍匐茎和多代子株（图1-7）。一株母株一年中可发生 3 ～ 5 代子株（南方可多达 10 ～ 12 代），总子株数约 30 ～ 85 株，多者可达 100 ～ 200 株。奇数节位不产生子株，腋芽保持休眠或产生匍匐茎分枝。

图1-6　不同颜色的葡匐茎

奇数节

偶数节

图1-7　草莓的子苗

　　葡匐茎的发生始期，一般在果实膨大期，大量发生期在果实采收之后。发生时期的早晚及数量与品种、母株的长势、日照长短、温度、母株经过低温时间的长短、栽培形式等有关。早熟品种发生早，晚熟品种发生晚。促成栽培一般在果实采收后开始发生，露地栽培多在果实开始成熟时发生。不同品种发生葡匐茎的能力不同，"石莓4号"、"春香"等发生能力较强，"达娜"、"石莓5号"及四季草莓品种等相对较弱。同一品种，健壮苗比弱苗葡匐茎发生多，结果少的苗比结果多的发生多。葡匐茎在长日照下容易发生，但还与温度有关，当温度过低时，即使是长日照葡匐茎也不会发生。光照强有利于葡匐茎发生，但过高温也会抑制葡匐茎发生。如南方盛夏高温季节基本不发生葡匐茎。葡匐茎发生量与母株受到5℃以下低温积累时间有关，只有在满足对低温量的要求之后，才会有大量葡匐茎发生，若低温量不足则葡匐茎发生少或不发生。如果把低温量要求较高的寒地品种引入暖地栽培，往往因低温量不足而影响葡匐茎的发生，而将暖地品种引入寒地栽培，由于受长时间低温处理，则会增加葡匐茎的发生数量。

二、草莓的叶片

（一）叶片的形态特征

草莓的叶发生于新茎上，呈螺旋状排列，叶序为 2/5，第一片叶和第六片叶在伸展方向上重合。草莓的叶通常为基生三出复叶，即叶柄的先端着生 3 片小叶，也有的种着生 4 ～ 5 片小叶（图 1-8）。具长叶柄，叶柄上生有茸毛，叶柄的基部有 2 片托叶，合成托叶鞘包于新茎上。叶柄的中部有 1 ～ 2 枚很小的钟形或片形耳叶或无（图 1-9）。叶片大小、形状、厚薄、颜色深浅、叶柄长度、叶柄及叶背面茸毛多少等因品种、物候期和立地条件而明显不同。一般中间小叶长 7 ～ 14cm，宽 5 ～ 8cm，叶柄长 10 ～ 30cm。小叶叶柄短或无，小叶一般呈圆形、椭圆形、菱形、卵圆形、倒卵形等（图 1-10）。小叶边缘呈锯齿状，通常 12 ～ 28 个齿，齿的先端有很小的水孔，当土壤湿润且根系生长良好时，早晨可见到叶缘排出小水珠。春季温度达到 5℃时，草莓植株即开始萌芽生长。顶生混合芽抽生新茎，先发出 3 ～ 4 片叶，接着露出花序。随着气温的上升，新叶陆续产生，越冬叶逐渐枯死。温度在 20℃条件下，约 8d 即可展开 1 片叶，一个月大约就可增加 4 片叶，一株草莓年展叶约 20 ～ 30 片。新叶展开的大小和叶柄的长度，因季节而异，春季坐果至采果前展开的叶，其大小、形态较典型，更具有品种代表性。

三出复叶

四出复叶

五出复叶

图 1-8　三、四、五出复叶

（a）　　　　　　　　　　　　　　　　（b）

图 1-9　草莓的耳叶

图 1-10　草莓叶片的形状

（二）叶片的功能

　　草莓的叶执行着光合、呼吸、蒸腾、吸收、贮藏等生理功能。叶是进行光合作用制造有机营养的主要器官，在光照条件下，以水和二氧化碳为原料，制造碳水化合物，植物体内 90% 左右的干物质是由叶片合成的，为草莓的生长发育奠定物质基础。越冬绿叶的数量对草莓产量有明显的影响，保护绿叶越冬，是提高翌年产量的重要措施之一。叶片随着新茎的生长陆续发生，也相继衰老死亡。衰老叶片的同化能力降低，并有抑制花芽分化的作用，生产中应及时摘除。

三、草莓的花与果实

（一）草莓的花及花序

草莓绝大多数品种的花为两性花，也有雌性花、雌能花和雄性花等。目前生产上的品种大多为完全花，可以自花结实。雌性花品种或雌能花品种，虽无雄蕊或雄蕊发育不全，但雌蕊发育正常，只要配置授粉品种，也可获得正常的产量。草莓的花由花柄、花托、主副萼片、花瓣、雄蕊群和雌蕊群组成（图1-11）。一朵完全花一般具主萼片5片，副萼片5片，雄蕊20～35枚，雌蕊200～400枚，通常花瓣5片，但一级序花的花瓣数可达6～9片（图1-12），雄蕊等也相应多。雄蕊有长短不一的花丝，花丝上有花药，其内含有花粉，花粉粒呈长椭圆形，大小约为2μm×16μm，外壁上有3条萌发沟，花药纵裂，花粉从中散出（图1-13）。雌蕊着生在凸起的肉质花托上，离生，呈螺旋状排列，雌蕊有柱头、花柱和子房组成。花柱很短，长在子房侧面，当子房膨大时会倾斜到一侧。从花托基部与雄蕊基部之间的狭窄轮状处可分泌花蜜，吸引昆虫访花而完成授粉。

图1-11 草莓的完全花

图1-12 草莓花瓣

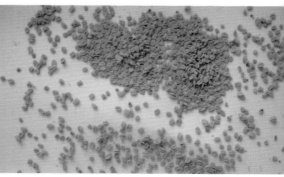

图1-13 草莓的花粉

草莓的花长在花序上，草莓的花为有限聚伞花序，通常为二歧聚伞花序和多歧聚伞花序（图 1-14）。品种间花序分歧变化较大，形式比较复杂。花序有顶花序和腋花序，从新茎的顶端长出的花序称为顶花序，而从下面叶片的叶腋长出的花序称为腋花序。花序数、每花序花数、坐果率和单果重等均是决定果实产量的重要因素，而首要的是使花序数增加。草莓抽生花序的数量，主要因品种和环境条件及栽培方式而异。单株花序约 2～8 个，每个花序一般着生 10～20 朵花，多的达 30 朵。花序一般在新茎展出 3 片叶时，即在第四片叶托叶鞘内微露，随后花序逐渐伸出，整个花序显露。当平均气温达 10℃以上时，开始开花。一朵花可开放 3～4d，在这期间进行授粉受精。当花药中没有花粉粒时，花瓣即行脱落，但有的品种如新品种"红星"直到果实成熟花瓣亦不脱落（图 1-15）。花序的高矮因品种而异，可分为高于叶面、平于叶面和低于叶面三种类型（图 1-16）。花序低于叶面的品种，由于受到叶片的遮盖，受晚霜伤害的可能性较小，但着色有时困难，易感病等。

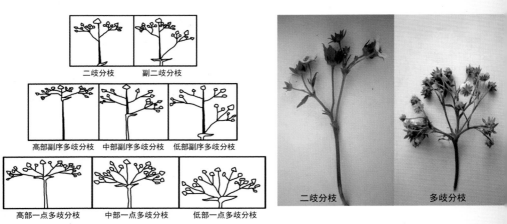

二歧分枝　副二歧分枝

高部副序多歧分枝　中部副序多歧分枝　低部副序多歧分枝

高部一点多歧分枝　中部一点多歧分枝　低部一点多歧分枝

二歧分枝　多歧分枝

图 1-14　草莓花序

草莓通常会出现同一植株上低级序（第一、第二级序）果实已成熟，而高级序（第四、第五级序）花或腋花芽正在开花或尚未开放。花序上花的级次不同，开花的顺序不同，因而果实的大小和成熟期也不同。首先是 1 朵一级序花开放，其次是 2 朵二级序花开放，然后是 4 朵三级序花开放，依此类推，级次越高开花越晚。高级次花有开花不结实而成为无效花的现象，其数量主要因品种而异，大部分品种为 15%～25%，最高可达 50%。但在适宜的气候和良好的栽培条件下，无效花百分率可大大降低。

图1-15 草莓不脱落的花瓣

（a）花序低于叶面　　　　　　　　（b）花序平于叶面　　　　　　　　（c）花序高于叶面

图1-16 花序高矮的类型

草莓的花是虫媒花，既进行自花授粉，又进行异花授粉。开花期低于0℃或高于40℃时，会严重阻碍授粉受精过程，致使产生畸形果。花期遇雨、风沙大、遭虫害等情况下，都会引起畸形果产生。开花期和结果期最低忍耐温度为5℃，5℃以下花瓣变红（图1-17），花期遇0℃以下低温或霜害时，可使柱头变黑，丧失受精能力（图1-18）。草莓的雌蕊在开花后7～8d内均有受精能力，但实际上，开花4d后，花药中已无花粉，花瓣已脱落，昆虫不再访花。花药中的花粉粒，一般在开花前成熟，具有发芽力。在开花前，花药不开裂，开花1～2d后，便可见到白色花瓣上所散落的黄色花粉粒。据观察，花药开裂时间，约从上午9:00到下午17:00时，以上午为主，11:00～12:00时达到高峰。花药在低于12℃条件下一般不开裂。湿度对花药开裂影响很大，湿度的最高界限为相对湿度94%，雨天则妨碍花药开裂。塑料大棚等保护地栽培，若相对湿度太高，花药不能开裂，花粉粒易吸水膨胀破裂，致使不能授粉受精，畸形果增加。花粉粒发芽最适温度为25～27℃。花粉管到达子房后，由珠孔进入胚囊，进行双受精。受精后形成种子，促进坐果，使果实正常生长发育。授粉受精可促使子房内形成植物激素，促使种子周围的花托膨大。授粉受精完全，则花托发育成正常果实；授粉受精不完全，则发育成畸形果实；没有授粉受精，则花托不膨大而形成褐毛果（图1-19），降低产量，造成损失。

图1-17 低温花瓣受冻

图1-18 花期低温危害

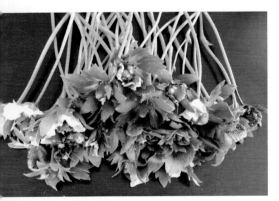

图1-19 授粉受精不良形成褐毛果

（二）草莓的果实及种子

草莓的果实是由花托膨大发育而成。果实的形状、颜色、光泽度、果面平整度、果个大小等因品种而异，也受栽培条件的影响。果实的形状，大致有扁圆形、圆球形、短圆锥形、圆锥形、长圆锥形、颈椎形、长楔形、短楔形、宽楔形及扇形等（图1-20）。果实的颜色有白色、淡红色、粉红色、橙红色、橘红色、红色、深红色、暗红色等（图1-21）。果肉的颜色一般较果面的颜色稍浅，因品种和成熟度不同为白色、淡红色、粉红色、橙红色、橘红色、红色、深红色等。同时，果实的髓心大小、颜色、有无空洞及空洞大小、果肉硬度、肉质粗细、纤维多少、汁液多少及颜色均因品种而不同。特别是果实的风味和香气，不同品种差异很大，风味有酸、甜酸、酸甜、甜、苦、涩味等。香气有标准的草莓芳香、玫瑰香、茉莉香、槐花香、桑葚香、杏香、桃香等。果皮的韧性、果实的硬度及果实含水量多少直接影响果实耐贮运性。果实的大小与品种、栽培条件、果实着生的位置等有关。同一品种果实大小因级序而变化，一级序果最大，一般为15～50g，最大可达100g以上，花序上级次越高的花结的果越小，采收费工，生产中一般四级序果就失去了商品价值，而成为无效果而被摘掉。

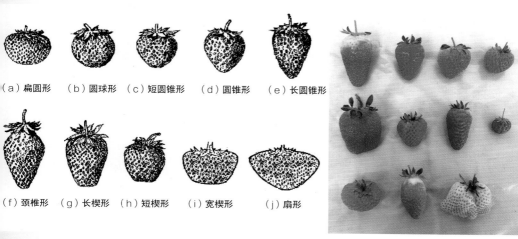

（a）扁圆形　（b）圆球形　（c）短圆锥形　（d）圆锥形　（e）长圆锥形

（f）颈椎形　（g）长楔形　（h）短楔形　（i）宽楔形　　（j）扇形

图1-20　果实的形状

图1-21　果实颜色

草莓从开花到果实成熟，一般需30d左右。在开花后15d前，果实生长发育缓慢，开花后15～25d，果实迅速膨大，1d平均可增加2g左右，最后7d，生长发育又趋缓慢，如"石莓4号"、"石莓5号"、"石莓6号"、"达赛莱克特"四个品种的果实体积和质量发育曲线图（图1-22）。

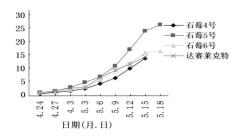
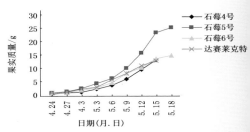

（a）石莓4号、石莓5号、石莓6号和达赛莱克特
果实发育过程中体积变化规律

（b）石莓4号、石莓5号、石莓6号和达赛莱克特
果实发育过程中质量变化规律

图1-22 草莓果实体积和质量发育曲线

草莓果实的生长曲线呈典型的"S"形。其体积的增大，取决于细胞数目、细胞体积和细胞间隙的增大。受精后子房迅速发育形成瘦果，其周围的花托逐渐膨大而成为果实。果实的细胞分裂，除髓部外，在开花时就已经结束，即果实细胞数目在开花前就已大体决定，开花后果实的肥大，主要取决于细胞的增大。髓部的细胞间隙随着果实的膨大而增大，因此大果往往出现髓部中空的现象。

从开花坐果到果实成熟，要经历绿果期、膨大期、白果期到成熟期。伴随着果实的膨大，果实逐渐成熟，其显著变化是果实的着色，先是褪绿变白，接着渐渐变红，并具有光泽，进一步果肉着色，达到完熟（图1-23）。种子最初是绿色，当果实着色时变成黄色、黄绿色或红色。果肉随着成熟变软，放出特有的芳香，酸甜适度，味美可口。草莓果实是否成熟，其判断可依据着色和软化的程度。实际栽培中，因为果实在运输过程中成熟度继续增加，所以应考虑销售前的流通时间，在果实未完全成熟时采收。

图1-23 果实发育过程中颜色变化

北方露地栽培，果实成熟期一般为5月上中旬至6月上中旬。保护地栽培果实采收从11月至翌年4月，长达4～6个月。温度对果实生长发育有明显的影响，温度较低有利于果实膨大，温度过高则果实小，成熟早。适时适量灌水，可促进草莓果实膨大，特别是果实迅速膨大期，水分不足影响会很大。生产中低级次花易出现雄性不育，即花粉量少或无花粉现象，但只要授粉好就可正常坐果发育。而高级次花往往出现坐不住果或坐果不良，同一花序上的果实间相互争夺养分和水分，及时疏除花序上高级次的花蕾及畸形果，可促进低级次果实膨大。日照长度和强度对果实成熟和品质有较大影响，长日照、强光照可促进果实成熟，低温配合强光照可提高果实品质。在温暖地带，夏季炎热高温，果实个小、味淡、香气不浓。而在高冷地和高纬度地区，由于低温和一定程度的强日照，可获得香气浓郁、风味佳的果实。

草莓种子实际上是受精后的子房膨大形成的瘦果，俗称"种子"。种子附着在果实表面，由维管束与髓部相连。成熟种子呈红色或黄色，粒小，种皮坚硬不开裂，内有一枚种子（图1-24）。种子是草莓有性繁殖器官，在生产上基本不用种子繁育苗，但在育种工作中需用种子进行繁殖。

花托中不含生长素，而种子中含有吲哚乙酸等，因此种子的存在，是果实膨大的重要内因，种子的多少决定了果实的大小，种子数目越多，果实越大。种子的存在位置，影响果实的形状，不同品种的种子嵌入果面的深度不一，有平于果面、凸出果面和凹入果面三种（图1-25）。在局部去除种子，则果实无种子的部位不膨大，而有种子的部位膨大，便形成畸形果（图1-26）。种子数的多少既与授粉受精是否充分有关，也与开花前花托上分化的雌蕊数有关，雌蕊数多，种子数才可能多。因此，应加强花芽分化和花前管理，保证花芽分化良好，受精授粉顺利，是获得优质、个大、高产的基础。

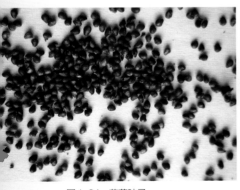

图1-24 草莓种子

图1-25 种子嵌入果面不同深度

图1-26　草莓畸形果

四、草莓的花芽分化与休眠

（一）草莓的花芽分化

20世纪80年代以前，草莓栽培多限于北方和中部一些地区，当时主要认为草莓喜冷凉气候，南方不适于草莓生产，但随着人们对草莓成花和休眠生理特性了解的深入及研究，通过适宜的品种，采取相应的栽培管理技术和栽培形式，目前我国从南到北、从东到西均有草莓栽培，已成为全国性水果。

1. 花芽分化过程

草莓花芽分化时期的早晚因品种和环境条件而异。早熟品种比晚熟品种开始分化早，停止分化也早。腋芽比顶芽晚一个月才开始分化。同一品种在不同地区，花芽分化期也不相同，北方高纬度地区，秋季低温来临和日照变短早，花芽分化开始期也早；南方低纬度地区，花芽分化则晚；同纬度地区海拔高的地方，花芽分化早，海拔低的地方花芽分化晚。同一品种，氮素过多、植株徒长、叶数过多等都会使花芽分化期延迟。在自然条件下，我国草莓一般在9月或更晚开始花芽分化，北方与中部地区草莓多在9月中旬开始花芽分化，而南方地区草莓在10月上旬前后开始分化。

　　草莓花芽和叶芽起源于同一分生组织，当外界的温度、光照等环境条件适宜花芽分化时，分生组织向花芽方向转化而形成花芽，花芽分化的过程大致可分3个时期，即分化初期、花序分化期和花器分化期。分化初期前，未分化生长点的叶原始体基部平坦，顶部为锥形突起。进入花芽分化初期，生长点由锥形变成圆锥形，肥厚而隆起，这一时期约需一周，是分化较快的时期。在花序分化期中，顶花序不断分化发育，与此同时第二花序原始体形成，这一阶段约需11～12d。草莓花器的形成过程是向心式的（图1-27），从外侧开始，逐渐向内形成花的各部分器官。位于花最外侧的一枚萼片最先形成，在萼片形成过程中，其内侧开始出现花瓣，花瓣最初并不是白色，花瓣与萼片同色。在花瓣的内侧又分化出雄蕊，此时，萼片变大，包着花的其他部分，并且在光滑的花托边缘产生较多小突起，这些小突起不久便发育成花柱。花粉在雄蕊的花药中形成，胚囊在雌蕊的胚珠内形成，此时对外界低温、高温等环境条件十分敏感。因此，这一时期是生产上重要的管理阶段。

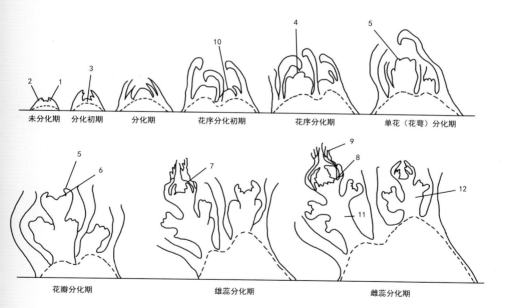

图1-27　花芽分化的形态

1—生长锥；2—叶原基；3—维管束；4—顶花原基；5—萼片原基；6—花瓣原基；
7—雄蕊原基；8—雌蕊原基；9—绒毛；10—侧芽；11—第一花序；12—第二花序

在一个花序中，花芽的分化是有规则的，一级序花分化后，从其苞片内侧分化二级序花，再从二级序花的苞片内侧分化三级序花，依此类推。分化几级序花因条件而异，一般可分化到四级序花。顶芽和腋芽先后进行花芽分化，分别分化发育成顶花序和腋花序。在花芽分化期，草莓的腋芽停止抽生匍匐茎，大部分形成花芽，少部分抽生新茎分枝。靠近新茎基部的腋芽和靠近顶芽的腋芽都可形成花芽。

2. 花芽分化的条件

草莓在经过旺盛生长后，日平均气温在25℃以下5℃以上，日照时间12.5h以下，经过10～15d即开始花芽分化。12℃以下称为低温区，12～25℃称为中温区，25℃以上称高温区。在低温区5℃以下花芽分化停止，而在5～12℃时花芽分化，与日照长短无关。在中温区一般8～13.5h日照感应都可诱导花芽分化。在25℃以上高温区花芽不形成。草莓花芽分化所需的温度和日照时间因品种不同而不同。一般认为草莓是短日照作物，它在低温和短日照条件下进行花芽分化，但目前促成栽培的品种实际上是在中温和中日照条件下进行花芽分化的。

同时，植株体内氮素水平显著影响花芽分化时期。一般而言，生长势旺盛，氮素含量较多的植株花芽分化期相对较晚，而生长势中庸，氮素含量较低的植株花芽分化期相对较早。花芽分化早晚是决定大棚早熟栽培成败的关键，如果需提早草莓的开花期，应适当抑制花芽分化前的氮素吸收，生产上一般在8月中旬以后应停止追施氮肥。目前，假植、断根、钵育苗的主要目的就是控制幼苗后期氮素吸收，以便提早花芽分化。草莓植株叶片数量的多少，对花芽分化时期和花芽质量有重要影响。具5～6片叶的植株花芽分化时期大致相同；具4片叶的分化时期推迟约7d，后期分化速度慢，第二花序分化时间短；具3片叶较具5～6片叶植株分化期推迟约20余天，到花序分化期甚至会因气温下降而休眠。如果育苗地植株过密、长期光照不足、病虫害严重、摘叶过多等均不利于花芽分化；如果植株生长非常旺盛、茎粗叶大、叶色浓绿、氮素过多、体内蛋白质合成过多，也不利于花芽分化。赤霉素在草莓生产上应用较普遍，对花芽分化有抑制作用，喷布浓度超过0.05mg/L时，花芽分化完全受抑制，但对花芽发育有促进作用。在大棚促成栽培时，苗定植成活后（花芽分化已完成），用浓度为0.01mg/L的赤霉素喷布有促进花芽发育、防止休眠的作用。在苗生长期适时喷布脱落酸（ABA）、矮壮素（CCC）、多效挫（PP_{333}）等生长抑制剂，均能促进花芽形成。

（二）草莓的休眠

草莓植株进入休眠，是一种抵御严寒的生理状态，是耐寒越冬的适应现象。晚秋初冬以后，日照变短，气温下降，当气温降到10℃以下时，植株生长逐渐减弱。当气温降到5℃以下时，植株地上部的生长发育相对停止，开始进入休眠，新叶叶柄短，叶面积小，叶片着生角度开张，植株矮化，不再发生葡匐茎，呈矮化葡匐状态，草莓即处于休眠状态（图1-28）。在适宜环境或保护下，草莓休眠期叶片不脱落，能保持绿叶越冬。在北方冬季若不注意覆盖保护，叶片就会枯死。

图1-28 草莓休眠状态

草莓的休眠根据其生态表现和生理活动特性可分为两个阶段，即自然休眠和被迫休眠。自然休眠是由草莓本身生理特性所决定的，要求一定的低温条件才能顺利通过，此时，即使给予适宜植株生长的环境条件，仍将继续处于生长不正常的休眠状态。被迫休眠是草莓在通过自然休眠之后，由于环境条件不适所引起的休眠状态，此时，只要给予适当条件，草莓即可正常生长发育，半促成栽培就是基于这一原理。草莓植株在休眠期间，其体内仍然进行着微弱的生理活动，休眠期只是相对其生长期而言。如果把进入休眠的草莓植株移到温室保温，则新叶会慢慢展开，且因花芽已经分化，也能开花结果，但新叶的叶柄、叶身均短，叶面积小，花梗短，果实小，产量很低。

草莓休眠开始期，并非是植株休眠状态出现期，休眠实际开始期比这更早。在花芽分化后不久，草莓植株即开始进入休眠，之后渐渐加深。一般在11月中下旬，休眠处于最深状态。品种和气候条件不同，休眠开始期也不同。草莓自然休眠期长短因品种而异，打破休眠所需5℃以下低温的时间如"春香"20～40h，"丰香"50～100h，"石莓7号"300h左右，"达赛莱克特"400h左右等。

以提早上市为目的的栽培中，可人为打破草莓休眠，促进其提早生长发育。这一措施主要应用于半促成栽培。对促成栽培而言，因所选用的品种休眠浅或无明显休眠期，人为地阻止其进入休眠，所以无需人工打破休眠。打破草莓休眠的条件是低温和长日照，只要经历充足的低温期间，休眠就可被打破，如果再加上长日照，就更有助于打破休眠。草莓休眠所需低温量不足，休眠打破不完全，则植株生长矮小，发生匍匐茎少或不发生匍匐茎，影响开花结实，甚至可改变开花的状况，使普通草莓具有四季结果的特性，夏季也能开花结果。反之，若草莓植株休眠期经历的低温期过长，又会引起徒长。因此，在半促成栽培中应注意品种选择和适时保温。在北方自然条件下，冬季低温有利于草莓顺利通过自然休眠。打破草莓休眠可采用植株冷藏、电照、喷布赤霉素等多种措施。

第二章

草莓优良新品种

　　草莓属于蔷薇科蔷薇亚科草莓属植物，草莓属植物全世界约有20个种，其中只有一个种为栽培种，即世界各地均有栽培的八倍体凤梨草莓（*F. Duch.*），其他种均处于野生、半野生状态。经200多年的演变与发展，目前全世界已培育出2000多个栽培品种，我国自育品种目前不到100个。草莓品种按休眠期的长短可分为浅休眠品种、深休眠品种及中间型。浅休眠品种主要用于保护地促成栽培，深休眠品种用于露地栽培，中间类型用于保护地半促成及露地栽培。

一、浅休眠优良新品种

（一）国外引进品种

1. 章姬

　　日本品种，1985年培育，1990年登记，1992年通过日本官方审定。果实长圆锥形，鲜红色，富有光泽，果面平整，无棱沟，畸形果少（图2-1）。果实个大，一级序果平均果重35.0g。种子黄绿色、红色兼有，凹入果面。萼片中等大，双层，平贴于果实，去萼较易。果肉淡红色，髓心中等大、白色至橙红色，稍有空洞，果肉细，汁液多，香甜适中，可溶性固形物含量10.2%。果实综合阻力0.377kg/cm²，耐贮运性差。鲜食加工兼用品种。

　　植株生长势强，株态直立。叶片较大，中间小叶近圆形。单株抽生花序2～3个，斜生，低于叶面，花序分枝较高，二歧分枝。匍匐茎抽生能力强，繁苗容易。丰产性好，亩产量2500kg以上。对炭疽病、叶斑病抗性中等，易感白粉病。早熟品种，休眠期短，打破休眠需5℃以下低温40～50h，适宜保护地促成栽培。

图2-1　章姬

2. 红颜

    日本品种，1994年育成，1999年命名，2002年登记发表，1999年从日本引入我国。果实长圆锥形，鲜红色，着色一致，富有光泽，外形美观，畸形果少（图2-2）。果个大，一、二级序果平均果重20.1g，最大果重达58.3g。种子黄绿色，陷入果面较深。萼片中等大，单层，平贴果实。果肉鲜红色，髓心较小、红色，空洞小，肉质细，纤维少，汁液中多，酸甜适口，香气浓，可溶性固形物含量11.8%，品质上。果实综合阻力0.456kg/cm²，耐贮运性明显优于章姬和丰香。

图2-2 红颜

    植株长势强，株态较直立，叶片大，绿色，中间小叶椭圆形。单株抽生花序2～4个，花序低于叶面，分枝较高，二歧分枝。保护地栽培连续结果能力强，丰产性好，亩产量2500kg以上。匍匐茎抽生能力较强，能二次抽生，繁殖能力强。耐低温，但耐热、耐湿能力较差，较丰香抗白粉病和炭疽病。早熟品种，休眠浅，适宜保护地促成栽培。

3. 丰香

图2-3 丰香

日本品种，1973年杂交，1983年登记发表，1985年从日本引入我国。果实短圆锥形或圆锥形，鲜红色，有光泽，果面平整（图2-3）。一、二级序果平均果重16.1g，最大果重35.0g。种子红、黄绿色兼有，凹入果面中深。萼片较大，主萼平贴果面，副萼与果面分离，除萼较易。果肉白色，髓心实或稍空，肉细，果汁多，酸甜适中，香味浓，可溶性固形物含量10.0%。果实综合阻力0.322kg/cm^2，果实硬度及果皮韧性较差，不耐贮运。

植株生长势强，株态开张，叶片较大，中间小叶近圆形，深绿色。单株抽生花序2～3个，低于或平于叶面，二歧分枝。匍匐茎抽生能力较强，繁苗易。较丰产，亩产量1000kg以上。植株耐热、耐寒性较强，对黄萎病抗性中等，易感白粉病。早熟品种，休眠浅，打破休眠需要5℃以下低温50～100h，适宜保护地促成栽培和暖地栽培。

4. 鬼怒甘

图2-4 鬼怒甘

日本品种，1987年选出，1992年登记发表，1995年从日本引入我国。果实短圆锥形，红色，光泽度强，果面平整（图2-4）。果实较大，一级序果平均果重25.0g，最大果重60.0g，一、二级序果果实形状差异较小。种子黄绿色，凹入果面浅。花萼翻卷。果肉鲜红，髓心浅红色，略有空洞或实心，肉质细，汁液中多，有香气，可溶性固形物含量9.7%。果实综合阻力0.350kg/cm^2，比女峰和宝交早生硬度大，较耐贮运。

　　植株生长势旺盛，株态较直立，叶片大，中间叶片长椭圆形，浓绿色。单株抽生花序4.1个，高于叶面，二歧分枝。匍匐茎抽生能力强，繁殖系数高。丰产性好，连续结果能力强，亩产量2000kg以上。较耐高温和低温，较抗白粉病、灰霉病，易感蛇眼病。中早熟品种，休眠期短，适宜保护地促成栽培。

5. 枥乙女

　　日本品种，1996年登记发表，1999年由沈阳农业大学园艺系从日本引入我国。果实圆锥形，浓红色，光泽强，果面平整（图2-5）。果实个大，一、二级序果平均果重23.5g，最大果重80.0g。种子黄绿色，平或微凸出果面。萼片小，翻卷。果肉淡红色，髓心小、红色，稍有空洞，果肉细，汁液较多，风味酸甜，可溶性固形物含量9.1%，品质优良。果实综合阻力0.417kg/cm^2，较耐贮运。

图2-5　枥乙女

　　植株长势强，株态较直立，叶片中大，中间小叶近圆形，深绿色。花序直立，低于叶面。单株可抽生匍匐茎8～10条，繁殖力强。丰产性好，亩产量2000kg以上。抗旱性较强，耐高温能力中等，较抗白粉病、灰霉病、叶斑病。早熟品种，休眠浅，适于保护地促成栽培。

6. 佐贺清香

日本品种，1991年育成，1998年命名。2000年由辽宁省东港市果树技术推广站引入我国。果实圆锥形，鲜红色，光泽度强，外观美，整齐度好，稍有果颈（图2-6）。果实中等大小，一级序果平均果重25.4g，二级序果平均果重12.9g，最大单果重52.5g。种子红、黄、绿色兼有，凹入果面中深。萼片单层，较大，平贴果面，去萼较易。果肉白色，髓心小、白色，无空洞，肉细，纤维中多，汁液多，香味浓，酸甜可口，可溶性固形物含量10.2%，品质优良。果实综合阻力0.452kg/cm^2，较耐贮运。

植株生长势强，较直立，叶片大，黄绿色，中间小叶扇形。新茎分枝数少，单株抽生花序1～2个，花序较直立，低于叶面，分枝高，二歧分枝。匍匐茎抽生能力强，能二次抽生，无分枝，繁苗容易。丰产性好，亩产量2000kg以上。抗逆性较差，不抗白粉病、炭疽病、叶斑病。早熟品种，休眠浅，适宜保护地促成栽培。

图2-6　佐贺清香

7. 幸香

日本品种，1996年育成，1997年引入我国。果实圆锥形，深红色，光泽强，果形整齐（图2-7）。果实个大，一级序果平均果重20.4g，最大果重48.9g。种子黄绿色、红色兼有，凹入果面。萼片中等大，双层，平贴果实，去萼较易。果肉浅红色，肉质细，汁液多，酸甜适口，有香气，可溶性固形物含量10.4%，品质优良。果实综合阻力0.365kg/cm^2，耐贮运性优于丰香。

植株长势中等，较直立，叶片较小，中间小叶长圆形，浅绿色。新茎分枝多，单株抽生花序数多，花序分枝较高，低于或平于叶面。单株可抽生匍匐茎8～10条，繁殖力强。丰产性好，亩产量2000kg以上。易感白粉病，较抗叶斑病。早熟品种，休眠浅，打破休眠需5℃以下低温150h左右，适于保护地促成栽培。

图2-7　幸香

8. 红珍珠

图 2-8　红珍珠

日本品种。果实圆锥形，鲜红色，光泽度强，果面平整，果形整齐（图2-8）。果实中大，一二级序果平均果重19.8g。果肉橙红色，肉质细韧，风味酸甜，可溶性固形物含量11.0%，品质优良。果实硬度大，耐贮运性强。

植株长势中等，叶片中等大小，绿色，中间小叶圆形。花序斜生，低于叶面，每株抽生花序3～4个。丰产，亩产量2000kg。早熟品种，适宜于促成栽培。

9. 甜查理

图 2-9　甜查理

美国品种，1999年从美国引入我国。果实圆锥形，鲜红色，光泽度强，果面平整，果个均匀度好（图2-9）。果实较大，一级序果平均果重31.5g，二级序果平均果重19.2g，最大果重58.0g。种子黄绿色，平或微凹入果面。萼片单层，较小，平贴或翻卷。果肉橘红色，髓心中大、橘红色，空洞中大，果肉细，纤维中多，风味酸甜，香气浓，可溶性固形物含量9.1%，品质优良。果实综合阻力0.480kg/cm^2，耐贮运性好。

植株长势强，较直立，叶片较大，深绿色，中间小叶近圆形。单株抽生花序2～7个，花序较直立，低于叶面，分枝低，二歧分枝。匍匐茎发生较多，繁苗容易。丰产性好，亩产量2000kg以上。抗白粉病，较抗叶斑病。早熟品种，休眠浅，适宜保护地促成栽培。

10. 卡姆罗莎

又名"童子一号"，美国品种，20世纪90年代中期引入我国，是一个优良的高硬度、浅休眠种质。果实长圆锥形或楔形，果面深红色，平整光滑，有明显的蜡质光泽，果个均匀整齐（图2-10）。果实个大，一级序果平均果重30.6g，二级序果平均果重21.2g，最大98.5g。种子红、黄、绿兼有，陷入果面中深。萼片大，1～2层，翻卷，去萼较易。果肉红色，髓心小、红色，空洞小或实，肉质中细，质密坚实，纤维多，果汁中多，有香气，风味酸甜，味淡，可溶性固形物含量8.9%，品质中。果实综合阻力0.561kg/cm²，硬度大，耐贮运性好。果实适宜鲜食或加工。

图2-10　卡姆罗莎

植株长势强，株态直立，叶片大，黄绿色，中间小叶椭圆形。单株抽生花序2～6个，花序直立，低于叶面，分枝低，二歧分枝。匍匐茎绿色，抽生能力强，繁苗容易。丰产性好，连续结果能力可达6个月，667m²产量3000kg以上。适应性强，抗灰霉病和白粉病，较抗叶斑病。早熟品种，休眠浅，适宜保护地促成栽培。

（二）国内选育品种

1. 书香

北京市农林科学院林业果树研究所2001年杂交选育，2009年通过北京市林木品种审定委员会审定并命名。果实圆锥形或楔形，深红色，有光泽，果面平整（图2-11）。一、二级序果平均果重24.7g，最大果重76.0g。种子黄绿红色兼有，平于果面。花萼单层双层兼有，主贴副离。果肉红色，风味酸甜适中，有茉莉香味，可溶性固形物含量10.9%，可溶性总糖含量5.6%，品质优。果实综合阻力0.450kg/cm²，硬度较大，较耐贮运。

植株生长势较强，株态较直立，叶片中大，绿色，中间小叶椭圆形。单株抽生花序3～6个，花序

图2-11　书香

低于叶面，花序分枝低。匍匐茎抽生能力强，繁苗易。丰产，亩产量1500kg以上。抗性较强。早熟品种，浅休眠，适宜保护地促成栽培。

2. 燕香

图2-12　燕香

北京市农林科学院林业果树研究所2001年杂交选育，2008年通过北京市林木品种审定委员会审定并命名。果实圆锥或长圆锥形，橙红色，有光泽，果面平整，果个均匀整齐，外观评价上等（图2-12）。果实个大，一、二级序果平均果重33.0g，最大果重54.0g。种子黄绿红色兼有，平或凸出果面。花萼单层、双层兼有，主贴副离。果肉橙红色，风味酸甜适中，有香味，可溶性固形物含量8.7%。果实综合阻力0.510kg/cm²，硬度大，耐贮运。

植株生长势较强，株态较开张，叶片中大，绿色，中间小叶圆形。单株花序3～5个，花序低于叶面，花序梗中粗。匍匐茎抽生能力强，繁苗易。丰产性好。对白粉病和灰霉病抗性较强。早熟品种，浅休眠，适宜保护地促成栽培。

3. 红袖添香

北京市农林科学院林业果树研究所杂交育成，2010年通过北京市林木品种审定委员会审定并命名。果实长圆锥或楔形，果面全红（图2-13）。果个大，一级序果平均果重50.6g以上，最大果重98g。果肉红色，酸甜适中，有香味，可溶性固形物含量10.5%。

植株生长势强，连续结果能力强，丰产，亩产可达3000kg。抗病性强。休眠浅，适合保护地促成栽培。

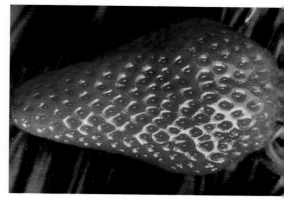

图2-13　红袖添香

4. 秀丽

沈阳农业大学2002年杂交育成，2010年通过辽宁省种子管理局组织的成果鉴定并命名。2010年通过辽宁省非主要农作物品种备案办公室备案。一级序果为圆锥形或楔形，二级序果和三级序果为圆锥形或长圆锥形，果面红色，有光泽，外观品质好（图2-14）。一、二级序果平均果重27.0g，大果重38.0g。种子黄绿色，平或微凸于果面。果实萼片单层，反卷。果肉红色，髓心白色，无空洞，果实汁液多，风味酸甜，有香味，可溶性固形物含量10.0%。果实综合阻力0.430kg/cm²。

植株生长势强，株态开张，叶

图2-14　秀丽

片较大，圆形，深绿色。花序较长，平于或高于叶面，二歧聚伞花序。连续结果能力强，丰产性好，亩产量2000kg以上。对白粉病具有中等抗性，对炭疽病具有较强抗性，抗土传病害及草莓叶部病害。早熟品种，浅休眠，适宜日光温室促成栽培。

5. 晶瑶

图2-15　晶瑶

　　湖北省农业科学院经济作物研究所2001年杂交育成，2008年通过湖北省农作物品种审定委员会审定并命名。果实呈略长圆锥形，果面鲜红色，富有光泽，果面平整，果实整齐，无裂果，外形美观，畸形果少（图2-15）。果实个大，一、二级序果平均果重25.9g，最大果重100.0g。种子黄绿色、红色兼有，稍陷入果面。果肉鲜红，髓心小、白色至橙红色，果肉细腻，质脆，味浓，口感好，可溶性固形物含量12.8%。果实综合阻力0.401kg/cm^2，果实硬度较大，耐贮性较好。

　　植株生长势强，株形高大，叶片中大，中间小叶长椭圆形，嫩绿色。单株抽生花序3～5个，花序直立，平于或低于叶面，二歧分枝。匍匐茎分枝生长，繁苗率高。丰产性好，平均亩产量2000kg以上。抗白粉病强于"丰香"，注意防治灰霉病、叶斑病和蚜虫。早熟品种，休眠浅，适合保护地促成栽培。

6. 红实美

辽宁省东港市草莓研究所1998年杂交育出，2005年通过辽宁省农作物品种审定委员会审定并命名。果实近楔形或长圆锥形，果面红色，色泽鲜艳，果面平整，畸形果少，果个整齐度好（图2-16）。果个大，一级序果平均果重45.7g，最大单果重100.0g。种子黄色、红色兼有，略凹于果面。花萼1～2层，较大，翻卷或平贴果实。果肉浅红色，髓心大、粉白色，无空洞，肉质细腻、脆，纤维中多，果汁中多，风味酸甜，有香气，可溶性固形物含量10.5%。果实综合阻力0.550kg/cm^2，硬度大，耐贮运。

植株长势中强，株态较直立，株形紧凑，叶片较大，中间小叶近圆形，叶色深绿。单株抽生花序1～4个，花序斜生，平于叶面，分枝较低，二歧或多歧分枝。匍匐茎抽生能力强，繁殖系数高于丰香与章姬。根系发达，根茎粗壮。产量高，亩产量5000kg以上。高抗白粉病和灰霉病。早熟品种，休眠浅，打破休眠需5℃以下低温100～150h，适宜保护地促成栽培。

图2-16 红实美

7. 久香

图 2-17 久香

上海市农业科学院林木果树研究所1995年冬至1996年春杂交育出，2007年通过上海市农作物新品种审定委员会的审定（认定）并定名。果实圆锥形，果面橙红色，富有光泽，着色一致，果面平整，无果颈，果个均匀整齐（图2-17）。果实个大，一、二级序果平均果重21.6g，最大果重79.0g。种子微凹入果面。花萼中大，双层，主萼平副萼翻卷。果肉红色，髓心中大、浅红色，无空洞，果肉细，质地脆硬，汁液中多，甜酸适度，香味浓，设施栽培可溶性固形物含量10.8%，露地栽培可溶性固形物含量8.6%。果实综合阻力0.481kg/cm²，较耐贮运。稳产高产，亩产量3000kg以上。对白粉病和灰霉病的抗性均强于"丰香"，对炭疽病和灰霉病的抗性均较强。适宜于长江流域和冬暖草莓产区栽培，露地和设施栽培均可。

8. 宁丰

图 2-18 宁丰

江苏省农业科学院园艺研究所于2005年杂交育成。2010年通过江苏省农作物品种委员会鉴定。果实圆锥形，果色红，光泽强，外观整齐漂亮，大小均匀一致（图2-18）。一、二级序果平均果重为22.3g，最大果重47.7g。果肉橙红，风味香甜浓，可溶性固形物9.2%。

植株长势好，丰产性好。耐热耐寒性强，抗炭疽病，较抗白粉病。该品种适应能力强，在我国南北方均可栽培。适宜保护地促成栽培。

9. 宁玉

江苏省农业科学院园艺研究所2005年杂交育成。2010年通过江苏省农作物品种委员会鉴定。果实圆锥形，果个均匀，红色，果面平整，光泽强（图2-19）。果大，一、二级序平均单果质量24.5g，最大52.9g。果肉橙红，髓心橙色；味甜，香浓，可溶性固形物10.7%。硬度1.63kg/cm²。

植株长势强，半直立，叶片绿色，椭圆形。匍匐茎抽生能力强。每花序10～14朵花。丰产性好，亩产量一般达2212kg。耐热耐寒，抗白粉病，较抗炭疽病。适宜保护地促成栽培。

图2-19　宁玉

10. 黔莓1号

贵州省农业科学院园艺研究所杂交育成，2010年通过贵州省农作物品种审定。果实圆锥形，鲜红色。平均单果重26.4g（图2-20）。果肉橙红色，果肉口感好，风味酸甜适口，可溶性固形物含量9.0%～10%；果实硬度较大，贮运性较好。

植株高大健壮，生长势强，叶片大，近圆形，绿色。匍匐茎发生容易。花序连续抽生性好，单花序花数8～12枚。丰产，亩产2300～2600kg。耐寒性、耐热性及耐旱性较强，抗白粉病、炭疽病能力强，抗灰霉病能力中等。早熟，适宜保护地栽培。

图2-20　黔莓1号

11. 黔莓2号

图2-21　黔莓2号

贵州省农业科学院园艺研究所2005年杂交育成，2010年通过贵州省农作物品种审定委员会审定。果实短圆锥形，鲜红色，有光泽（图2-21）。一级序果平均单果重25.2g，最大单果重68.5g。种子分布均匀。果肉橙红色，肉质细，果肉韧，香味浓，风味酸甜适中，可溶性固形物含量10.2%～11.5%。果实硬度较大，贮运性较好。

植株高大健壮，生长势强，分蘖性强，叶大，近圆形，黄绿色。匍匐茎发生容易。花序连续抽生性好，粗壮。丰产，亩产量2200～2400kg。耐寒性、耐热性及耐旱性较强，抗白粉病、炭疽病能力强，抗灰霉病能力中等。特早熟，露地和保护地栽培均可。

二、中长休眠新品种

（一）国外引进品种

1. 全明星

美国品种，1981年发表。1980年首先由沈阳农学院园艺系从美国引入我国。果实圆锥形，鲜红色，着色均匀，光泽度强，果面平，果个较均匀，稍有果颈，畸形果少，无裂果（图2-22）。果实个大，一级序果平均果重34.8g，二级序果平均果重20.4g，最大果重51.9g。种子红、黄、绿色兼有，陷入果面较浅。萼片单层，翻卷或平贴，中等大小。果肉橘黄色，髓心大、红色，空洞大，肉质细，纤维少，果汁多、橙红色，风味甜酸，有香气，可溶性固形物含量7.8%。果实综合阻力0.498kg/cm^2，耐贮运性好。果实适宜鲜食或加工。

生长势强,植株较直立,叶片中大,中间小叶椭圆形,深绿色。单株抽生花序 2～4 个,花序斜生,低于叶面,分枝较高,二歧分枝。匍匐茎抽生能力强,能二次抽生,繁苗率高。丰产性好,亩产量 2500kg 以上。抗性强,适宜范围广,耐高温、高湿,对枯萎病、白粉病、红中柱根腐病有较强抗性。中晚熟品种,打破休眠需 5℃ 以下低温 500～600h,是露地和保护地半促成栽培品种。

图 2-22 全明星

2. 哈尼

美国育成,1979 年发表,1983 年由沈阳农业大学园艺系从美国引入我国。果实圆锥形至楔形,果面红色至深红色,光泽较强,果面较平整,少有棱沟,果尖部不易着色,常为黄绿色,果实无颈或略有果颈(图2-23)。果实较大,一级序果平均果重 14.7g,二级序果平均果重 13.2g,最大果重 45.0g。种子红、黄、绿色兼有,凸出果面。萼片较小,平展或翻卷,除萼较难,带有髓心。果肉淡红色,髓心中大、淡红、空洞小,肉细韧,汁液多、红色,味偏

图 2-23 哈尼

酸,有香气,品质中,可溶性固形物含量 8.4%。果实综合阻力 0.387kg/cm²,果皮较厚,质地韧。鲜食加工兼用品种。

植株长势较强，株态较直立，三出复叶，中间小叶长圆形。单株抽生花序2～4个，花序斜生，低于叶面，分枝高，二歧分枝。匍匐茎抽生能力强，繁殖系数较大。丰产性好，亩产量2000kg以上。对灰霉病、白粉病、叶斑病、凋萎病抗性强，对黄萎病、红中柱根腐病抗性弱。露地栽培品种。

3. 达赛莱克特

法国1995年育成，20世纪90年代后期由河北省保定草莓研究所引入我国。果实圆锥形，鲜红至深红色，光泽度强，果实均匀整齐，果色均匀度好，外观漂亮（图2-24）。果实个大，一级序果平均果重32.1g，二级序果平均果重20.3g，最大果重65.1g。种子红、黄、绿兼有，陷入果面较深。萼片单层，萼片大，去萼容易。果肉全红色，髓心大、红色，空洞大，汁液中多，香气较浓，风味酸甜，品质中上，可溶性固形物含量8.5%。果实综合阻力0.447kg/cm²，硬度大，耐贮运性好。果实适宜鲜食或加工。

植株长势强，株态较直立，叶片中大，中间小叶椭圆形，叶绿色。单株抽生花序1～5个，花序斜生，低于或平于叶面，分枝高，二歧分枝。匍匐茎抽生能力较强，繁苗较易。丰产性好，连续结果能力强，亩产量3000kg以上。抗白粉病、叶斑病、灰霉病，对红蜘蛛抗性较差。中早熟品种，休眠期较长，打破休眠需5℃以下低温500h左右，适宜露地和保护地半促成栽培。

图2-24　达赛莱克特

4. 密保

法国品种。1997年由石家庄金百瑞进出口有限责任公司从法国Atys公司的韩国分公司引入我国。果实圆锥形，深红色，富有蜡质光泽，均匀整齐，果色均匀度好，外观品质优良（图2-25）。果实个大，一级序果平均果重30.8g，二级序果平均果重23.2g，最大果重68.6g。种子黄色，陷入果面较深。萼片单层，平贴或翻卷，萼片大，去萼较易。果肉深红色，髓心大、红色，空洞中大，肉细脆，纤维少，汁液中多，有香气，风味酸甜，可溶性固形物含量9.0%。果实综合阻力0.460kg/cm²，耐贮运。果实适宜鲜食和加工。

植株长势强，株态直立，三出复叶，中间小叶近圆形，浓绿色。单株抽生花序1～4个，花序较直立，平或低于叶面，分枝低或高，二歧分枝。匍匐茎抽生能力较强，能二次抽生，繁苗易。丰产性好，亩产量2500kg以上。抗白粉病、灰霉病及叶斑病。中早熟品种，休眠期较长，打破休眠需5℃以下低温500～600h左右，适宜露地栽培和保护地半促成栽培。

图2-25 密保

5. 玛丽亚

又名卡尔特1号、C果，1993年从西班牙引进。果实圆锥形，鲜红色，有光泽，大小整齐（图2-26）。果肉淡黄色，风味酸甜，有香气。植株长势强，叶片较厚而浓绿，匍匐茎抽生能力较弱，繁苗率较低。丰产，一般亩产量2000kg以上。中熟品种，休眠期较深，5℃以下低温500～600h方可打破休眠。适宜北方地区露地栽培、拱棚栽培及延迟栽培。

图2-26　玛丽亚

（二）国内选育品种

1. 石莓6号

河北省农林科学院石家庄果树研究所2001年杂交育成，2008年通过河北省林木品种审定委员会审定并命名。果实短圆锥形，鲜红色至深红色，有光泽，无畸形果，无裂果，稍有果颈（图2-27）。果个大，一级序果平均果重36.6g，二级序果平均果重22.6g，最大果重51.2g。种子红、黄绿色兼有，凹入果面中深。花萼单层，萼片中大，平贴或平离，去萼易。果肉红色，髓心小、红色，无空洞，质地密，肉细腻，纤维少，果汁多，风味酸甜，香气浓，可溶性固形物含量9.1%。果实综合阻力0.512kg/cm^2，硬度大，耐贮运性好。果实适宜鲜食及加工。

植株长势强，较直立，三出复叶，中间小叶椭圆形，叶色绿。单株抽生花序5～8个，花序斜生，低于叶面，分枝低，二歧分枝。匍匐茎抽生能力强，能二次抽生，有分枝，繁苗率高。高产稳产，露地亩产量3000kg以上，保护地半促成栽培亩产量3500kg以上。中抗白粉病、灰霉病及叶斑病。中熟品种，适宜露地及保护地半促成栽培。

图2-27　石莓6号

2. 石莓7号

河北省农林科学院石家庄果树研究所2002年杂交选育，2012年通过河北省林木品种审定委员会审定并命名。果实短圆锥形，鲜红色，有明显蜡质层，光泽度强，着色均匀，果面平整，无果颈，无裂果，同一级序果个均匀整齐（图2-28）。果个大，一级序果平均果重33.6g，二级序果平均果重21.5g，最大果重57.0g。种子红、黄绿色兼有，微凹入果面。萼片单层，中等大，平贴或稍离果面，去萼较易。果肉颜色橘红，髓心中大、橘红色，空洞中大，质地较密，肉细腻，纤维少，果汁中多，果实风味酸甜，香气浓，品质上。可溶性固形物含量10.5%。果实综合阻力0.447kg/cm^2，硬度较大，较耐贮运。果实适宜鲜食或加工果汁、果酱。

植株长势强，较直立，叶色绿，中心小叶椭圆形。单株抽生花序 3 ～ 6 个，花序较直立，低于叶面，花序分枝较低，二歧分枝。每株抽生匍匐茎 15.3 个，能二次抽生，有分枝，单株繁苗 20 ～ 50 株。丰产，亩产量 3000kg 以上。耐低温、高温，抗炭疽病，中抗白粉病、灰霉病及叶斑病。中早熟品种，中浅休眠，打破休眠需 5℃以下低温 300h 左右，适宜露地及保护地半促成栽培。

图 2-28　石莓 7 号

三、日中性优良新品种

（一）国外引进品种

1. 赛娃

美国品种，1983 年发表。1997 年由山东省泰山植物组培中心从美国引入。果实阔圆锥形，果面鲜红色，光泽较强，较平整，果实整齐度较差，无果颈（图 2-29）。一级序果平均果重 27.2g，二级序果平均果重 15.6g，最大果重 138.0g。种子黄绿色，个小，微凹入果面。萼片中小，单层，翻卷，去萼容易。果肉橙红色，髓心中等大、橙红色，实心，肉质细、较软，纤维少，汁液多，风味甜酸，有香气，可溶性固形物含量 9.5%。果实综合阻力 0.404kg/

cm^2，硬度较大，较耐贮运。果实适宜鲜食或加工。

植株长势较强，株态直立，叶片大，中间小叶近圆形，叶深绿色。条件合适可四季抽序、开花，花序斜生，低于叶面，分枝较低，二歧分枝。匍匐茎抽生能力较弱，繁苗较难。丰产性好，亩产量7000kg以上。抗性较强，抗叶部病害。四季品种，无明显休眠期。

图2-29 赛娃

2. 阿尔比

图2-30 阿尔比

美国品种，由西班牙艾诺斯种业有限公司引入我国。果实长圆锥形，鲜红色，有光泽，果面平整，果个均匀整齐，外观漂亮（图2-30）。果个大，一级序果平均果重33.0g，二级序果平均果重26.1g，最大果重79.0g。种子红、黄、绿色兼有，凹入果面。萼片较小，翻卷，除萼较易。果肉颜色红色，髓心较小、红色，肉质细腻，纤维少，汁液中等，风味甜，口味独特，有香气，可溶性固形物含量10.8%。果实综合阻力0.677kg/cm^2，硬度极大，果皮韧性好，极耐贮运，货架期长。果实适宜鲜食和加工。

植株长势强，株态较直立，叶片较小，中间小叶近圆形，深绿色。花序较直立，粗壮。匍匐茎抽生能力强，繁苗容易。产量高，亩产量为5000kg以上。抗逆性、抗病性都很强，对疫霉果腐病、黄萎病、炭疽病、根腐病抗性强，对红蜘蛛抗性强。四季品种，早熟特性明显，可周年结果。

3. 圣安德瑞斯

美国品种。果实圆锥形，果面鲜红色，果实表面富有光泽，果实畸形果极少（图2-31）。果实个大，平均单果重35g，最大可达110g。种子颜色从黄色到深红，但通常是红色，种子平于果面或凹于果面。果实酸甜可口，可溶性固形物10%～13%。果实硬度大，耐贮运性好，货架期长。

植株生长势强，较直立。花序分枝低。花芽分化能力强，可在结果期内持续结果，产量高，亩产量为7000kg以上。抗白粉病、灰霉病和红蜘蛛，对叶斑病、炭疽病、疫霉果腐病和黄萎病有很强的抵抗力。该品种管理简单，节省人工。日中性品种，可周年结果，促成栽培条件下上市早，北京地区12月上旬可批量上市。

图2-31　圣安德瑞斯

4. 蒙特瑞

美国加利福尼亚大学2008年育成。果实圆锥形，鲜红色（图2-32）。果个大，平均单果重33g，最大果重60g。果实品质极佳，风味甜，可溶性固形物含量10%以上。果实硬度稍小于阿尔比。

植株长势强，较直立，叶片绿。植株分枝较多，连续结果能力强，丰产性好，产量高，亩产量为6000kg以上。抗性强，抗白粉病和灰霉病。日中性品种，可周年结果，适宜促成栽培及夏春栽培。

图2-32 蒙特瑞

（二）国内选育品种

三公主

吉林省农业科学院果树研究所1995年杂交育出，2008年通过吉林省农作物品种审定委员会鉴定并命名。一级序果楔形，果面有沟，二级序果圆锥形，果面平整无沟，果面红色，有光泽（图2-33）。果个中大，一级序果平均果重23.3g，二级序果平均果重15.1g，最大果重39.0g。种子平或微凸于果面。萼片中等大小，反卷，与髓心连接紧，去萼较难。果肉红色，髓心较大，微有空隙，风味酸甜，香气浓，品质上等。露地栽培，春、秋两季果实品质好，可溶性固形物含量春季10.0%，秋季15.0%，夏季可溶性固形物含量8.0%。果实硬度中上，较耐贮运。

植株长势强，较直立，叶片绿色。花芽形成容易，花序分枝较高。四季结果能力强，在温度适宜的条件下可常年开花结果，丰产性好，露地栽培亩产量2237kg以上，春季和秋季产量差异不明显。抗白粉病、抗寒，但高温多湿季节叶部易感叶斑病。四季品种，无明显休眠期。

图2-33 三公主

第三章

草莓繁殖方式及育苗技术

　　无论哪种栽培方式，优质的秧苗是获得优质高产的基础，高质量的草莓秧苗培育是实现安全生产及高效益栽培的技术关键。

一、草莓繁殖方式

　　草莓苗的繁殖方式有匍匐茎繁殖、母株分株繁殖、微繁殖、种子繁殖等。生产中最常用的繁殖方式是匍匐茎繁殖，但为了脱毒复壮并提高繁殖系数，常与微繁殖（组织培养繁殖）相结合，同时伴随着母株分株繁殖在生产中应用。种子繁殖属于有性繁殖，后代变异程度很大，常用于科研进行品种选育及种质创新，而生产上不利用种子进行秧苗繁殖。

1. 匍匐茎繁殖

　　匍匐茎是草莓的主要繁殖器官，发生匍匐茎的植株叫做母株，母株是匍匐茎营养生长的第一个营养供给源。绝大多数品种都有发生匍匐茎的能力，发生匍匐茎的多少与品种、母株的健壮充实程度、母株定植时期、栽培管理条件及环境条件等因素有关。从母株上发生的匍匐茎本来与花序是同源，二者能根据环境条件的变化而相互转化。一般来说，花芽分化和匍匐茎的发生均以日照12h、地温20℃为界，高温长日照发生匍匐茎，低温短日照引起花芽分化。匍匐茎的发生数量还与植株经过低温的时间长短有关，如日光温室栽培中植株未经过低温处理就扣棚保温或低温量不足未通过休眠，植株发生匍匐茎数量就少；露地栽培经过低温时间长，发生匍匐茎的数量就多。

　　利用匍匐茎繁殖秧苗（图3-1）是草莓生产上普遍采用的繁殖方法，简单方便，既可利用生产田直接育苗，又可建立专门的育苗圃。生产田每亩能繁殖生产秧苗3万株，育苗圃可繁殖3万～5万株壮苗。通常一个母株能发生5～15个匍匐茎，每个匍匐茎可生长3～5个幼苗。新形成的匍匐茎苗还可抽生匍匐茎，匍匐茎苗以发生早的，距离母株近的生长旺，质量好。

2. 母株分株繁殖

　　母株分株繁殖又称根茎繁殖或分墩繁殖。这种方法适用于两种情况：一是未产生匍匐茎苗而急需要更新换地的草莓园，将所有植株全部挖出来，分株后栽植；二是用于某些不易发生匍匐茎的草莓品种。

图 3-1 匍匐茎繁殖草莓秧苗

采用母株分株繁殖时，应在果实采收后，及时加强母株管理，适时进行施肥、浇水、除草、松土等，促使新茎腋芽发出新茎分枝。当母株的地上部有一定新叶抽出，地下根系有新根生长时，将母株挖出，剪掉下部黑色的不定根和衰老的根状茎，选择上部1～2年生根状茎逐个分离（图3-2），这些根状茎上具有5～8片健壮叶片，下部应有4～5条长4cm以上的米黄色或白色生长旺盛的不定根，将分离出的根状茎可直接栽植到生产园中，定植后要及时浇水，加强管理，促进生长，第二年就能正常结果。

图 3-2 母株分株繁殖

分株的繁殖方法繁殖系数较低，一般3年生的母株，每株只能分出8～14株适宜定植标准的营养苗。分株的新茎苗，多带有分离伤口，容易受土传病菌侵染而感病。但分株繁殖法不需要专门的繁殖田，不需要摘除多余的葡匐茎或葡匐茎节上压土等工作，可节省劳力和成本。在分株繁殖时，对只有叶片没有须根的根状茎营养苗，可保留1～2片叶，其余叶片全部剪掉，然后进行遮阴扦插育苗，经过精细管理，使其发根长叶后可在秋季定植，越冬前能培育成较充实的营养苗。

3. 微繁殖

微繁殖育苗，即通过组织培养的手段繁殖草莓脱毒苗（图3-3），近年来发展很快。草莓微繁殖就是将草莓茎尖（约0.5mm）接种在培养基上，诱导出幼芽，在试管中通过腋芽萌发增殖，试管苗经过驯化后移栽到育苗圃中。微繁殖最大的优点是可以获得无病毒种苗，其后代生长势旺盛，整齐一致，果实品质优良，增产效果明显。

    （a）   （b）

图3-3 利用组织培养方法繁殖草莓脱毒苗

4. 种子繁殖

用种子繁殖的草莓苗（图3-4），由于成苗率低和性状分离，不能保持原品种的优良特性，所以生产上不采用。但为了杂交育种、远距离引种或某些难于获得营养苗的品种进行遗传基因保留等需要进行种子繁殖。种子繁殖的草莓苗生长旺盛，根系发达，不容易衰老，对不良环境条件适应能力强。一般实生苗经过10～16个月就开始结果。种子繁殖应从优良单株上选择充分成熟的果实采种子。

图 3-4 种子繁殖草莓苗

二、草莓育苗技术

草莓的产量是由花序数、花朵数、坐果率、低级序果重比例、果实大小和单位面积总株数等因素构成的，而这些因素与植株的营养状况和生长发育状态密切相关，培育优质壮苗是提高产量和质量的关键。

1. 地块选择及整地

育苗圃应选择土质疏松、有机质含量在1.5%以上、土壤肥沃的沙壤土，排水及浇水方便的地块，土壤的环境质量应符合无公害草莓产地的土壤环境质量要求。切忌选用土质黏重的地块，同时避开前茬是马铃薯、茄子、辣椒等与草莓有共同病害的作物的地块，最好是选择没有栽过草莓的地块进行育苗，如果是重茬地，育苗前要进行土壤消毒。

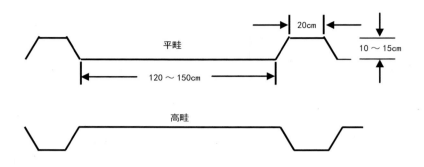

图3-5 平畦与高畦示意图

　　苗圃选好后，彻底清除地表的残枝、枯叶及杂草，然后进行全面深翻。在母株定植前应施足底肥，亩施腐熟的农家肥5000kg、过磷酸钙30kg或磷酸二铵25kg。耕翻深度30cm，耕均耙细耙平。育苗圃可以采用平畦和高畦栽培（图3-5）。一般平畦宽1.2～1.5m，长度20～30m，畦梗高10～15cm、宽20～30cm，要注意修好排水沟。高畦高度为10～15cm，畦间距30cm。对夏季雨水较多地区，高畦有利于排除积水，但浇水困难，最好安装滴灌或喷灌设施。

2. 母株的选择与定植

　　生产者可直接购买原种苗进行生产苗的繁殖。原种苗选择要品种纯正，根系发达，无病虫害。原种苗的母株一般比生产田选留的母株健壮程度要略差一些，这是组织培养脱毒苗繁殖第一代的共性，但用它繁殖出的第二代生产苗则非常健壮。春季当日平均气温达到10℃以上时定植母株，一般来说华东地区在3月中旬，华北地区在3月下旬至4月上旬，东北地区在4月下旬至5月上中旬。将母株单行定植（图3-6）在畦中央，株距50～60cm，对于匍匐茎繁殖能力低的品种，每畦栽2行（图3-7），行距60～80cm。在苗床上按栽植密度刨穴，将母苗放入穴中央，让根系完全舒展开，培细土压实，然后浇透水，栽植深度为秧苗新茎基部与床面平齐，做到"深不埋心，浅不露根"（图3-8）。

图 3-6　单行定植

图 3-7　双行定植

浅　　　　　　　适中　　　　　　　深

图 3-8　草莓秧苗栽植深度

3. 苗圃地的管理

（1）灌溉　生产中采用喷灌（图3-9）或漫灌（图3-10）的灌溉方式均可。有条件的地区最好采用微喷灌的方式，微喷灌采用微喷头将水流以细小的水滴喷洒在草莓植株附近进行灌溉，微喷灌类似细雨，在灌溉过程中泥土不会飞溅到草莓植株上，不会损伤草莓植株，有利于减少病害的发生。定植后应立即浇一遍透水，连续浇3次，保证秧苗成活。土壤相对湿度应保持在60%以上，可成倍提高繁殖子苗的数量。

图3-9　喷灌灌溉　　　　　　　　　　　　　　图3-10　漫灌灌溉

（2）去除花序　在早春母株苗抽生的花序应及时去除（图3-11），去除花序时尽量远离根部，以免带动根部活动而拉断毛细根，去除花序可以节省养分，有利于匍匐茎的发生和幼苗生长，提高子苗质量，这是培育优质生产苗的关键。摘除花序的时间越早越好。

（3）去除病老残叶　当母株上的新叶展开后，应及时去掉干枯的老叶、病叶和残叶（图3-12），去除病老残叶可以减少植株消耗养分，利于植株通风透光，减少病害的发生。去除病老枯叶时一只手扶住植株，另一只手拿住叶柄，轻轻地将整个病叶或老叶撇下来，注意将托叶鞘一并去除，防止托叶鞘传染病害。

（4）追肥　缓苗后，叶面喷施0.2%～0.3%尿素1次。在幼苗大量发生时期，每隔20 d应对母株进行一次根外追肥，亩施氮、磷、钾三元素复合肥15 kg，或速效尿素10 kg，并喷施2～3次氨基酸复合叶面肥，促进壮苗。8月份停止使用氮肥，防止出现旺长而影响花芽分化，应改喷0.5%磷酸二氢钾2次。

（5）喷赤霉素　喷施赤霉素可以促进匍匐茎的抽生，尤其是对匍匐茎发生能力较弱的品种，用赤霉素处理，可以促发匍匐茎，扩大繁殖系数。在5～6月份，选择在多云、阴天或傍晚时喷洒赤霉素，用40～60mg/L的赤霉素喷布苗心，每株喷5～10mL，对促进萌发匍匐茎有明显的效果，同时又可抑制植株开花。赤霉素的使用浓度要严格掌握，浓度过低，促发匍匐茎的效果不明显，浓度过高，会导致母株徒长。

图 3-11　及时去除繁苗母株上的花序　　　　　　　　图 3-12　繁苗田去除病老残叶

　　（6）引茎、压茎　匍匐茎伸出后，要及时引茎，使匍匐茎在母株四周均匀分布（图 3-13），避免重叠在一起或疏密不均匀，影响子苗的成长。当匍匐茎长到一定长度出现子苗时，一般子苗有两片叶展开时培土压蔓，以促进子苗生根和加速生长。

图 3-13　引茎

　　（7）遮阴　对部分耐热性较差的品种要进行田间遮阴，防止炎热夏季过多的阳光直射，可在果树如葡萄、苹果等行间繁殖，利用树冠遮阴（图 3-14）。或在繁苗地内宽行定植玉米（图 3-15）、高粱等高秆作物，作物定植密度行距 2～3m，株距 0.5m 左右为宜。

图 3-14 利用树冠遮阴

图 3-15 利用玉米遮遮阴

（8）除草　随着子苗的大量生成和进入雨季，还会长出大量杂草，这期间要及时人工除草（图3-16），避免杂草与幼苗争夺养分和水分，确保幼苗有足够的生长空间。因为草莓对多种除草剂比较敏感，所以不提倡化学除草。

图 3-16　田间人工除草

（9）去匍匐茎　7月末至8月初，匍匐茎基本上爬满整个苗畦，如密度过大，秧苗拥挤，会形成许多徒长苗。徒长苗的叶柄细长，根系不发达，质量较差。每株保留50个左右的匍匐茎苗，8月末以后形成的匍匐茎苗根系较少，质量较差，应结合匍匐茎摘心，摘除无效的小苗并限制小苗的形成，减少养分的浪费，确保前期形成的幼苗发育完善，达到壮苗的标准。另外，还可以于8月上、中旬各喷一次2000mg/kg青鲜素或4%的矮壮素，抑制匍匐茎抽生，使早期的匍匐茎苗生长健壮，控制小苗产生。

（10）病虫害防治　在育苗期间重点防治草莓炭疽病、蛇眼病、"V"形褐斑病、褐色轮斑病及蚜虫、蛴螬、地老虎等病虫害，具体防治方法参照第五章病虫害防治部分。

（11）生产苗出圃　当匍匐茎苗长出4～5片叶片时，可根据生产需要出圃进行定植。起苗前2～3d要浇一次透水，使土壤保持湿润状态，近距离栽培的最好带土坨起苗，这样苗不易被风吹干，而且苗定植后基本不用缓苗，能大大提高成活率。起苗深度不少于15cm，避免过浅伤根。子苗起出后如果不能及时定植，应该把子苗放在阴凉处，并且保持根系湿润，防止根系被风吹干。

对于需要远途运输或出口的草莓秧苗，苗木的处理比较严格。苗子起出后首先进行挑选和清洗，然后50株为一捆，根部套上塑料袋以保持根部水分充足，将捆好的草莓苗装箱后送入冷库中预冷（图3-17），预冷时间24h以上，然后装入低温冷藏车运输。

（a）　　　　　　　　　　　　　　　　　　　（b）

图3-17　秧苗包装及预冷

第四章

草莓栽培技术

我国幅员辽阔，东西南北气候及土壤条件差异较大，草莓栽培形式也多种多样。但根据对休眠和花芽分化处理的时间和方法不同，草莓的栽培方式大体上可分为露地栽培、半促成栽培、促成栽培、抑制栽培等，目前在设施栽培中逐渐开始采用无土栽培方式。

一、露地栽培技术

露地栽培（图4-1）为传统的草莓栽培方式，是指在田间自然条件下，形成花芽、解除休眠、开花结果，不需要特殊的栽培技术和设备，越冬后第二年5～6月份收获的一种栽培方式。但生产中常采用的遮雨棚遮雨，地膜覆盖越冬或盖草、粪、树叶等覆盖物防寒等，亦视为露地栽培。

露地草莓栽培管理简单，省工省力，成本低，可进行规模经营，经济效益较高，容易大面积推广，露地栽培的草莓光照充足，浆果风味好，较耐贮运，果实除鲜食外主要用于加工。但露地大面积栽培，由于上市期较集中，如果速冻和加工企业跟不上，不能及时收果，草莓果实耐贮运性差，易造成损失。同时露地草莓的产量也容易受到外界不良环境的影响，例如花期遇到低温或冰雹、越冬防寒不利、果期遇到风交雨等均能造成产量下降或品质降低等。因此，大面积发展露地草莓时，应选在大城市附近或交通便利的地区以及有加工冷藏条件的地方。近年来，城郊露地观光采摘草莓备受市民的青睐，效益显著提高。

图4-1 露地栽培

（一）栽培制度

目前，我国草莓露地栽培有三种栽培制度，即一年一栽制、二年一栽制和多年一栽制，但生产中最主要的常用栽培制度还是一年一栽制。

（二）栽培技术

1. 园地选择及整地做畦

由于草莓为浅根性植物，喜光且耐阴，喜水又怕涝、怕旱，喜肥又怕肥害。所以，草莓园址的选择很重要，园址不但影响产量质量而且影响市场销售。建草莓园时应选择地面平坦，有水浇条件，富含有机质，保水力强，通透性好的沙壤土，土壤酸碱度以弱酸性或中性土壤为宜。同时草莓园应选择与草莓无共同病虫害的前茬作物，前茬作物一般以豆类、瓜类、小麦、玉米和油菜较好。有线虫为害的葡萄园和已刨去老树的果园，未经土壤消毒，不宜栽种草莓。

草莓种植前整地，主要是清除地表杂草杂物（图4-2）、施肥、耕翻（图4-3）、做畦起垄。园地耕翻前要施足底肥，以腐熟有机肥为主，适量配合其他肥料。一般亩施优质农家肥5000kg，过磷酸钙40kg，氮、磷、钾复合肥50kg，如果土壤缺素明显还应补充相应的微肥。底肥要全园撒施，翻耕后与土壤充分混匀。

图4-2 清除杂草杂物

图4-3 耕翻土地

　　耕翻深度一般在30cm左右为宜，耕翻后要求耙平盖实，细碎平整，上暄下实，然后做畦。常用的有平畦（图4-4）和高垄（图4-5），生产中多采用高垄栽培。高垄栽培一般垄长15m左右，垄高20～40cm，垄面宽50～60cm，垄沟宽30～40cm（图4-6）。可根据地理位置的不同而定垄的高低及高垄面宽窄。一般在北方地下水位较低，高垄可适当低些，而在雨水较多地下水位较高的南方，高垄可适当高些。如果用于观光采摘园，垄沟宽要适当宽些，采摘时宽绰方便。高垄栽培的优点是土壤通气性增加，草莓果挂在垄两侧，通风好，光照充足，着色好，病虫害少，不易烂果。高垄栽培还有利于覆盖地膜和垫果，提高地膜覆盖的增温效果，提高果实品质。整地做畦后，应灌一次小水或适当镇压，使土壤沉实，以免栽后浇水秧苗下陷，造成泥土淤苗或土表出现空洞造成露根。

图4-4　平畦栽培

图4-5　高垄栽培

图4-6　整地做高垄

2. 品种选配及秧苗选择

在北方寒冷地区，露地栽培草莓应选择休眠期中长或长、抗寒性强、结果期集中、果实成熟较一致的优良品种；南方应选择休眠浅，耐高温、抗病性强的优良品种。如果以鲜食为主，应选择果实个大、丰产、甜度高、香味浓、品质优、抗病性强的品种；而以加工为主，应选用产量高、果个中等偏小均匀整齐、果实周正、果肉红色或深红色、风味浓、易脱萼、抗病性强、耐贮运等加工性状优良的草莓品种。

为增加产量和提高品质，一个主栽品种可配置2～3个授粉品种。主栽品种占总栽培面积的70%左右。如主栽品种为"达赛莱克特"，授粉品种可搭配"石莓6号"、"石莓7号"、"密保"等。另外，主栽品种和授粉品种相距一般不宜超过30m。

露地栽培要选择植株完整，无病虫害，具有4片以上发育正常的叶片，叶色鲜绿，新茎粗在1.2cm以上，叶柄粗壮而不徒长，根系发达，有较多白色或乳白色须根，根长在5cm以上，单株鲜重在20g以上，中心芽饱满，顶花芽分化完成的秧苗（图4-7）。

图4-7　优质壮苗

3. 栽植时期及栽植密度

采用一年一栽制，于秋季栽植。通常北方定植早南方定植晚，沈阳及以北地区8月上中旬栽植，河北、山东及山西等地在8月中下旬栽植，浙江及广东地区适宜栽植期为10月上中旬。具体栽植期还要看草莓苗的质量，弱苗可早栽，壮苗可晚栽。同时还要根据当地的天气预报，最好选择在阴天、毛毛雨天或晴天的傍晚栽苗，因为气温低、湿度大、蒸发量小，有利于成活。

草莓苗的栽植密度主要取决于栽培方式、品种习性、秧苗质量、管理水平及地势地力等因素。露地栽培较保护地栽培密度小些，一般平畦栽培，株距20～30cm，行距30～40cm，亩定植7500株左右；高垄栽培，垄面宽50～60cm，沟宽30～40cm，垄面上定植两行，株距15～20cm，小行距20～30cm，大行距60～70cm，亩定植8500株左右。长势强旺的品种、秧苗质量好、管理水平高、地力好的可以适当稀植，反之可以适当密植。

4. 栽植方法及定植方向

栽苗时，先按株行距确定位置，然后用铲刀在栽苗处插入土开穴，将穴土扒至穴后，手提秧苗，按穴前地表与苗的新茎顶部相平放入穴中，露出心芽为准，将根舒展置于穴内，填入细土满穴，并轻轻提一下苗，使根系和土壤密接，然后再填土找平压实即可。遵照"上不埋心，下不露根"的定植原则，过深或过浅都会影响成活率。定植后立即浇一次透水，如发现有露根或淤心的植株，应立即补土埋根、扒土露心或重新栽植。

草莓的花序从新茎上伸出有一定规律，通常植株新茎略呈弓形（图4-8），而花序是从弓背方向伸出的。为了通风透光、提高果实品质及垫果、采果等作业方便，使每株抽出的花序朝向同一方向，栽苗时应将新茎的弓背朝

弓背

图4-8 植株新茎弓形

向固定的方向。平畦栽植时，边行植株花序方向应朝向畦里，以防花序伸到畦埂上，影响作业。畦内行花序朝向一个方向，便于用竹签、挡隔板或拉绳将花序与叶分开，有利于花朵授粉，减少畸形果，同时有利于果实着色。高畦栽植时，草莓弓背要朝向高垄外（图4-9），这样能使草莓结果时浆果挂在高垄两边（图4-10），有利于受到阳光照射和通风，减少果实表面湿度，改善浆果品质并减轻果实病虫害，减少病果率。

图4-9　弓背朝向高垄外侧　　　　　　　　　　　　图4-10　果实挂在高垄两边

5. 提高栽植成活率的措施

（1）根系处理　为了提高栽植成活率，草莓栽前用5～10mg/kg萘乙酸或萘乙酸钠药液蘸根2～6h，对促进生根效果十分明显，处理过的秧苗新根发生量比不处理的秧苗增加近1倍，可以明显提高秧苗成活率。

（2）摘除老叶　栽苗前摘除一部分老叶，只留下2～3片新叶，能减少蒸腾失水，摘叶时将过老的叶片从叶柄基部擗掉，2～3片较老叶片不要从叶柄基部擗叶，基部要留一段叶柄，以保护根茎，有利于成活，同时掐掉病残叶。

（3）带土坨移栽　草莓育苗圃离生产田距离较近时，可采取带土坨移栽的方法，挖苗前先用水洇苗畦以利挖苗，土坨可切成8～10cm见方的土坨或三角坨（图4-11）。

（4）遮阴　为防止栽后太阳暴晒，在供足水分的同时，可采用苇帘、塑料纱、带叶的细枝条、塑料遮阳网进行遮阴，或用银灰色塑料膜扣成临时小拱棚，棚顶加盖苇帘遮阴。定植成活后，要及时晾苗锻炼，注意通风，以防突然撤除遮阴物时灼伤幼苗。

图4-11 带土坨秧苗

6. 肥水管理及中耕除草

（1）追肥

① 根部施肥　整个生长过程中植株吸肥大体上可分为四个阶段。第一个阶段是从定植到完成自然休眠。定植缓苗后植株和根系生长仍较旺盛，随着气温的下降要进行花芽分化，这时定植前的基肥被大量消耗，因此，第一次追肥在花芽分化后，此次施肥以氮肥为主，亩追施复合肥15～20kg或尿素7.5～10kg，不仅能促进营养生长，而且还能增加顶芽花序的花数，增强越冬能力。第二个阶段是从自然休眠解除后到植株显蕾期。随着温度的升高，植株开始较旺盛生长，养分的吸收较前一阶段增加，因此，第二次追肥应在开花前施入，在开花前追肥是保证草莓优质高产的重要措施，亩追施氮、磷、钾复合肥10～15kg。第三个阶段是从开花到一级序果开始成熟。随着气温和地温的升高，植株进入了旺盛生长期，其吸收和消耗的养分达到高峰，因此，第三次追肥应在一级序果实膨大前施入，亩施氮、磷、钾复合肥10～15kg。第四个阶段是盛果期，即第二、第三级序果实膨大与成熟期。随着大量果实的膨大与成熟，氮素吸收量开始下降，磷钾吸收量开始增加，其中钾的吸收量达到最高，此次施肥以磷钾肥为主，以提高果实品质，促进植株健壮，防止植株衰弱，亩施磷、钾肥10～15kg。草莓追肥的方法可采用植株两侧撒施，也可以在离根部20cm处开沟施用（图4-12），或采用打孔灌入液态肥的方法。

（a）　　　　　　　　　　　　　　　　（b）

图4-12　开沟施肥

　　② 叶面喷肥　由于草莓根系浅，耐肥力差，常因追肥不当而出现烧根死苗现象，所以，常采用叶面喷肥的方法（图4-13），喷肥是草莓园肥水管理的重要措施。草莓的叶片具有较强的吸肥能力，叶面喷肥不仅节约肥料，而且发挥肥效快。一般前期以喷尿素为主，花前可喷磷酸二氢钾和硼砂，还可根据当地的土壤情况选用微量元素。花前叶面喷施0.3%尿素或0.3%磷酸二氢钾3～4次，可增加单果重，改善浆果品质，坐果率提高8%～19%。叶面喷肥宜在傍晚叶片潮湿时进行，要以喷叶背面为主。

图4-13　叶面喷肥

（2）浇水　草莓是需要水分较多的植物，对水分要求较高，一棵草莓，在整个生育期中大约需水15L，但不同生育期对土壤水分要求也不一样。

① 定植后浇水　秋季定植期气温较高，地面蒸腾量大，新栽的幼苗新根尚未大量形成，吸水能力差，如浇水不足，容易引起死苗。此期以采用沟灌比较好，沟灌在短期内水量充足，可使土壤沉实，使根系和土壤结合紧密，有利于成活。

② 灌冻水　越冬前要灌一次封冻水，一般在土壤封冻前，封冻水一定要灌足灌透，此水既能提高植株越冬能力，也能促进植株翌春的生长。

③ 早春灌水　早春去掉覆盖物后，地温较低，不宜灌水太早，以免引起地温明显下降，影响草莓根系恢复生长和地上部萌芽，可浅耕以增温保墒，萌芽水一般推迟至现蕾期为宜。

④ 花果期灌水　进入花期后，随着开花坐果，需水量越来越多，要掌握小水勤浇，保持土壤湿润的原则。果实增大到浆果成熟期，在保证土壤湿润的情况下，不宜大水漫灌，要适当控水，应在每次采果后的傍晚浇小水，浇水量以浇后短时渗入土中，畦面不存水为原则。如果浇水太多，在气温较高的情况下，易染灰霉病，导致浆果腐烂。有条件的地方，可以采用滴灌，滴灌可增加15%～20%好果率，还可节省30%灌水量。另外，每次施肥都要结合灌水，而浇水结合中耕除草。

⑤ 及时排除雨水　草莓既喜水又怕涝，草莓植株在水中浸泡时间过长，叶片就会变黄，甚至死苗，所以在草莓园周围要建立好排水系统，大雨过后要及时排除积水。

（3）中耕除草　草莓属多年生草本植物，根系浅，喜湿润疏松的土壤。中耕有利于土壤通气和增加土壤微生物的活动，加快有机物分解，促进根系和地上部生长。中耕同时可以消灭杂草（图4-14），减少病虫害。中耕次数和时间因不同草莓园的具体情况而定。杂草少、土疏松的新草莓园，每年中耕5～6次即可，以做到园地清洁，不见杂草，排灌畅通，土壤疏松为准。中耕深度以不伤根、又除草松土为原则，一般3～4cm为宜。

7. 植株管理

草莓在生长过程中，植株管理十分重要。通常包括摘除匍匐茎、疏花疏果、垫果、摘除病老残叶等。

（1）摘除匍匐茎　匍匐茎是草莓的营养繁殖器官，发生匍匐茎会消耗母株大量的养分，削弱母株的生长势，影响花芽分化，降低产量和植株的越冬

（a）

（b）

图 4-14 中耕除草

能力，以收获浆果为目的的生产园，应随时摘除匍匐茎（图 4-15）。

（2）疏花疏果 草莓一般每株有 2 ～ 5 个花序，每个花序有 7 ～ 15 朵花。草莓的花序多为二歧聚伞花序。高级次花很小且多数不能开放，称为无效花，即使开花也晚且结果太小，无经济价值，称为无效果。因此，在现蕾期及早疏去高级次小花蕾（图 4-16），或掰去株丛下部抽生的弱花序，可节省养分、增大果个、促进成熟、采收期集中，还可以防止植株早衰。一般每个花序上保留 1 ～ 3 级花果即可。

图 4-15 摘除匍匐茎

图 4-16 疏花疏果

（3）垫果　草莓坐果后，随着果实的生长，果穗下垂，浆果与地面接触，施肥浇水均易污染果面，这不仅极易感染病害，引起腐烂，同时还影响着色和成熟。因此，对未采用地膜覆盖的草莓园，应在开花后2～3周，用麦秸、稻草、木屑等垫于浆果下面（图4-17）。垫果有利于提高浆果商品价值，对防止灰霉病、草莓疫霉果腐病也有一定效果。

图4-17　垫果

（4）摘除病老残叶　草莓植株在一年中新老叶片更新频繁，在生长季节，当植株下部叶片呈水平着生，并开始变黄枯时，应及时从叶柄基部去除（图4-18）。对于越冬老叶，常有病原寄生，待长出新叶后应及早除去，以利通风透光，加速植株生长。发现病叶也应及时摘除。摘除的病老残叶不要丢在草莓园里，应收集在一起烧毁或深埋，以减少病原菌的传播。

8. 病虫害防治

露地栽培病虫害发生种类较多，但由于园内通风透光条件好，不像保护地栽培更易发病。露地栽培主要有褐色轮斑病、"V"形褐斑病、蛇眼病等叶部病害，炭疽病、枯萎病等植株病害，灰霉病、革腐病等以侵染果实为主的病害。主要虫害有蚜虫、红蜘蛛、白粉虱、金龟子、卷叶蛾等地上虫害和地老虎、蛴螬、蝼蛄等地下虫害。病虫害发生规律及防治方法详见第五章。

图 4-18　摘除病老残叶

9. 越冬防寒及春季防晚霜

（1）越冬防寒　草莓生长至深秋，便逐渐进入休眠，叶柄变短，叶片变小，植株平长，以抵御低温的到来，同时方便了防寒覆盖（图4-19）。虽然草莓根系能耐-8℃的地温和短时间-10℃气温，但在我国北方，因冬季寒冷多风、干旱少雪，草莓一般不能露地安全越冬，必须进行覆盖防寒。越冬覆盖时间，一般在华北地区11月中下旬进行，偏北稍早些，偏南稍晚些。此时草莓植株经过了几次霜冻的低温锻炼，土壤处在"昼消夜冻"状

图 4-19　草莓休眠状态

态。覆盖地膜不宜过早或过晚，如果覆盖太早，气温偏高，会造成烂苗，覆盖太晚会发生冻害。在覆盖防寒物前先灌一次冻水，这次水要灌透灌足。

覆盖材料以塑料地膜为主，寒冷地区可用各种作物秸秆、树叶、腐熟马粪、细碎圈肥土等。如用土覆盖，最好先覆盖一层3～5cm厚的草或秸秆，然后再覆土，一来春季撤土方便，同时可避免春季撤土时损伤植株，覆盖材料尽量不用带有种子的杂草，否则会带来草荒。采用地膜覆盖（图4-20），平畦覆盖膜宽及膜长因畦宽长及地块情况而定，盖前将地膜平铺畦面，四周

图4-20 地膜覆盖防寒

用土压严压紧，畦面宽时，膜上用散放小土堆压住，防治大风刮坏地膜。高垄覆盖畦面呈垄状，地膜覆盖于垄面上，根据膜宽隔垄沟内压土。地膜覆盖不但能使草莓安全越冬，保墒增温，而且还能使越冬苗的绿叶面积达80%以上，春季气温一回升，就可继续生长，制造养分，能使浆果早熟7～10d，增产20%左右。

（2）撤除防寒物　在第二年春季开始化冻后分两次撤除覆盖物。第一次可在平均气温高于0℃时进行，撤除上层已解冻的覆盖物，以便阳光照射，提高地温，有利于下层覆盖物的迅速解冻。第二次可在地上部分即将萌芽时进行，太晚撤除防寒物易损伤新叶。覆盖物全部撤完后，将地里的枯枝烂叶清除干净，集中烧毁或深埋，以减少病虫害。覆盖地膜越冬的地块，撤膜时间根据早春气候条件而定，温度回升得快适当早些，温度回升得慢要适当晚些。撤膜过早气温及地温较低，植株返青较慢，开花结果较晚，成熟期晚；撤膜过晚会造成徒长，且膜下开花造成授粉不良，影响产量。撤膜后及时中耕松土，提高地温并保墒，促进植株生长发育。

（3）防春季晚霜危害　春季草莓开始萌芽生长后，对低温非常敏感，在-1℃时，植株受害轻，-3℃时则受害较重。幼叶受冻后，叶尖与叶缘变黄，重时茎叶变红。正在开放的花朵如果遇到低温（图4-21），花瓣变红；受冻轻时，只有部分雌蕊受冻变褐，形成畸形果，受冻严重，雌蕊变黑，不能发育成果实。幼果受冻呈水渍状停止发育。由于早开的花结大果，霜冻往往引起早期大型果损失，进而影响产量。在晚霜发生频繁的地区，为了避免晚霜危害，尽量不种早熟品种，可栽植抗晚霜品种或中、晚熟品种。早春延迟去掉覆盖物，以免返青生长早而受到霜冻危害。另外，可根据天

图4-21 早春大雪危害

气预报，在有寒流时，可用塑料薄膜、草帘或其他覆盖物进行临时覆盖，或在上风口处点火熏烟，有喷灌条件的地方，还可以进行喷灌以防霜冻。

二、促成栽培技术

促成栽培包括北方的日光温室促成栽培（图4-22）和南方的大拱棚促成栽培（图4-23）。促成栽培是草莓花芽已分化，将要进入自然休眠之前，不休眠或基本不休眠，很早进行保温，人为阻止其进入休眠，让植株继续生长结果，提早采收上市的一种栽培方式。这种栽培方式成本较高，管理技术要求严格。促成栽培的关键技术措施是促花育苗和抑制休眠，生产中应选择休眠浅或较浅、形成花芽容易、花期对低温抗性强的优良草莓品种。促成栽培要求用花芽分化早、发育好的秧苗，促花育苗方法主要有：移植断根育苗、营养钵育苗、利用山间谷地育苗、遮光育苗、高冷地育苗和冷藏育苗等。抑制休眠主要采取提早保温、加温、电照或赤霉素处理等方法，也可假植育苗结合适当早定植，并在花芽分化前采取控氮、摘叶等处理，以促进秧苗提早开始花芽分化。

图4-22　日光温室促成栽培　　　　　　　　图4-23　大拱棚促成栽培

（一）日光温室促成栽培技术

在我国北方地区的冬季，利用日光温室进行草莓促成栽培的方式比较普遍，这种栽培方式具有两大优点：一是鲜果上市早，供应期长。鲜果最早可在11月中下旬开始上市，陆续采收可延长到第二年5月，采收期长达6个月，比露地栽培可提早5～6个月，供应鲜果时间比露地栽培延长5个月。二是产量高，效益好。采用促成栽培可使草莓植株花序抽生得多，连续结果，产量高，鲜果上市正值水果生产淡季，单价高。如北京市昌平区促成栽培草莓年前上市，每千克草莓售价高达50～200元；河北省石家庄促成栽培草莓于11月下旬上市，每千克草莓售价高达30～100元，经济效益十分可观。但促成栽培要求技术水平及设施条件较高。

1. 选择良种壮苗

日光温室促成栽培要求品种休眠期短，易打破休眠，形成花芽容易，并且花期对低温抗性较强，同时抗病、早熟、优质、丰产。适合促成栽培的品种有"书香"、"燕香""秀丽"、"章姬"、"枥乙女"、"甜查理"、"红颜"等。为改进授粉条件，提高产量和质量，每棚可栽2～3个品种。

草莓促成栽培采收期早，产量高，花前生育期较短，所以，对秧苗要求更高。其标准是：根系发达，植株健壮，叶柄粗短，叶色绿，具成龄叶片5～7片，新茎粗1.5cm以上，苗重30g以上（图4-24）。日光温室促成栽培，保温开始期较早，开花结果也早，这就要求草莓苗短期内形成饱满花芽，保证促成栽培草莓既能早采收，又能获优质高产。

图4-24 优质壮苗

2. 土壤消毒及整地作垄

　　草莓忌重茬，重茬后黄萎病、根腐病等土传病害发病严重，为了确保优质、丰产，每年在定植前要实施温室土壤消毒。目前最安全、无公害的方法是利用太阳能进行土壤消毒。具体做法是：将土壤深翻，灌透水，土壤表面覆盖一层地膜或旧棚膜，为了提高消毒效果，将用过的旧棚膜覆盖在温室的钢骨架上，密封温室（图4-25）。土壤太阳热消毒在6～8月份进行，利用夏季太阳热产生的高温（土壤温度可达55～70℃），杀死土

图4-25　日光温室太阳能消毒

壤中的病菌、虫卵及草籽。太阳能土壤消毒的时间至少为40d。

　　8月初平整土地，施入腐熟的优质农家肥5000kg（可以在太阳能土壤消毒时加，通过高温使农家肥充分腐熟）和氮、磷、钾复合肥50kg，旋耕深度30cm（图4-26）。采用南北向深沟高畦（图4-27），畦面宽50～60cm，畦沟宽30～40cm，沟深25～30cm，南北高畦要求直，畦面要求平整。在高畦上两边加小土埂，做成小平畦，以便于随时浇小水或追肥。或高畦两边略呈弧形，但土要拍实，以免浇水时冲坏高畦面。

图4-26　日光温室旋地

图4-27　南北向高畦

3. 适时定植和合理密度

促成栽培定植时间宜早，可在顶花序花芽分化后5～10d定植。温暖地区如上海和浙江一带一般在9月中旬至10月中旬栽植，北京和河北等地在8月中下旬至9月上旬栽植。裸根苗应早栽，假植苗或带土坨苗可稍晚些。

采用高畦定植，每畦栽两行，株距15～20cm，行距25～30cm，亩栽8000～11000株。定植时要注意定植方向，应把草莓茎的弓背朝向畦沟（图4-28），将来花序抽向畦两侧（图4-29），通风透光好，浆果着色好，病虫害少，品质佳，便于采摘。为了提高栽植成活率，最好采用带土坨栽植，塑料钵育苗则随栽培随脱去塑料钵，以减少根系损伤，缩短缓苗期，提高成活率。

图4-28 草莓苗定植方向（弓背朝沟）

图4-29 草莓果实排列在垄沿上

4. 扣棚保温及地膜覆盖

适时扣棚保温是草莓促成栽培中的关键技术。保温适期要掌握在顶花芽分化之后，并且第一腋花芽已分化，即将进入休眠。草莓多数品种从10月下旬左右开始逐渐进入休眠状态，而一般腋花芽分化也在此时开始，因此，既不能使草莓进入休眠状态，又不影响腋花芽分化，两者兼顾的时间为保温适期。保温过早不利于花芽分化，保温过迟一旦植株进入休眠，则很难解除休眠，导致植株矮化。一般年份，北方寒冷地区保温适期在10月初至10月中下旬，此时外界最低气温降到8～10℃。

地膜覆盖是草莓设施栽培中的一项重要措施。地膜覆盖，不仅可以减少土壤中水分的蒸发，降低日光温室内的空气湿度，减少病虫害发生率，而且能够提高土壤温度，促使草莓根系的生长，从而使植株生长健壮，鲜果提早上市。此外，覆盖地膜可以防止土壤对果实污染，提高果实商品质量。目前生产中普遍使用黑色地膜，黑地膜的透光率差，可显著减少杂草的生长。一般在扣棚后10d左右覆盖地膜，覆盖地膜应在早晨、傍晚或阴天进行。盖膜后立即破膜提苗（图4-30），破膜时孔越小越好，地膜展平后，立即进行浇水。覆膜过晚，植株较大提苗困难，且易折断叶柄影响植株生长发育。

图4-30 破膜提苗

5.温度、湿度调控

扣棚后，草莓生长发育对温度总的要求是前期高些，后期低些。在保温开始初期，为防止植株进入休眠矮化状态，促进花芽的发育，白天28～30℃，超过30℃时要及时放风，夜间12～15℃，最低不低于8℃，保温初期外界气温还较高，可暂时不加盖草帘，并要随时注意白天放风降温。现蕾期要求白天25～28℃，夜间10～12℃，夜温不宜过高，超过13℃就会导致腋花芽退化，雌雄蕊发育受阻。开花期白天适温要求23～25℃，夜间8～10℃，这样既有利于开花，也有利于授粉受精，30℃以上高温花粉发育不良，45℃高温抑制花粉发芽。果实膨大期，为了促进果实膨大，减少小果率，白天保持20～25℃，夜间6～8℃为宜，夜温低有利于养分积累，促进果实肥大。进入采果期，白天保持20～23℃，夜间5～7℃即可。温室内通过放置高低温度计和湿度计（图4-31）来正确控制温室内的温湿度。

　　室温的高低要通过揭盖草苫和扒开放风口的大小来调节。放风不仅能够降低温室的温度和空气相对湿度，也能够给棚室中带来新鲜空气，增加棚室中氧气和二氧化碳的含量。日光温室放风时，应尽量先在温室顶部放风（图4-32），在放顶风不能降低温度的情况下，再在腰部放风或底部放风（图4-33），有后窗的温室也可打开后窗进行放风（图4-34）。为了防止棚内湿度过大，应采用无滴棚膜，以减少水滴浸湿柱头，如果不是无滴膜，水滴浸湿柱头后产生畸形果并导致果实发病（图4-35），水滴浸湿叶片后发生叶部病害（图4-36）。花期湿度控制在40%～50%为宜。

图4-31　高低温度计和湿度计

图4-32　温室顶部通风　　　　　　　　　　　图4-33　底部进行通风

图 4-34　后窗户进行通风

图 4-35　水滴浸湿幼果后畸形、发病

图 4-36　水滴浸湿叶片后发病

6. 光照管理

　　促成栽培主要生长期均在较寒冷的冬季，光照不足是草莓日光温室促成栽培中的一个重要问题。促成栽培既要通过保温使草莓不进入休眠，又要给予长日照条件，人为地阻止草莓进入休眠状态。定期清洗棚膜（图4-37）可以增大透光率，人工补光（图4-38）也能够促进叶柄生长，防止矮化，有利于浆果膨大和着色。因此，人工补光是草莓促成栽培中非常有效的措施。方法是每亩用100W的白炽灯25个，间隔为4m距离；用60W的白炽灯，可安装35～40个，间隔3m距离。白炽灯距地面1.5m即可。目前市场上销售的LED植物补光灯，每亩用50W的8～10个，可根据生长发育的不同时期调节蓝光、红蓝光、红光等的波长和颜色比例。

图4-37　清洗棚膜

图4-38　棚内补光

　　常用的补光方式有三种，一是延长光照，即从日落到22时，约5h左右的连续光照；二是中断光照，即从22时至翌日2时补光4h；三是间歇光照，即从日落到日出，每小时照10min，停50min，累计补光约140min。无论哪种方式均有明显效果，但以间歇光照最经济。补充光照可促进生长，使草莓提前成熟，明显降低畸形果的数量，但对产量影响不显著。一般而言，早晨照明对增大果个有效，傍晚照明叶柄容易伸长。

7. 水肥管理

　　草莓植株在日光温室中生长周期加长，对水分和肥料需要较多，因此要充分地、不断地供给水分和养分，否则会引起植株早衰或得病而造成减产降质。在生产上判断草莓植株是否缺水不仅仅是看土壤是否湿润，特别注意的是揭起地膜地表土湿润，但根系处的土壤水分已经缺乏，误认为不干旱，造成植株萎蔫或干枯，这种现象称为假湿现象。保护地栽培更重要的标志是早晨要看植株叶片边缘是否有吐水现象（图4-39），如果叶片没有吐水现象，说明已经干旱，应该灌溉。日光温室促成栽培不能采取大水漫灌的灌溉方式，因为大水漫灌容易增大温室内空气湿度，引发病害，同时还会造成土壤升温慢，延迟植株生长发育进程。应采用膜下灌溉的方式，最好采用膜下滴灌（图4-40）。采用滴灌可以使植株根茎部位保持湿润，利于植株生长，而且既节约了用水量又防止土壤温度过低，减少了水分蒸发，降低棚内湿度，减少病虫害。要掌握定植时浇透水，一周内要勤浇水，覆盖地膜后以"湿而不涝，干而不旱"作为浇水原则。

　　草莓促成栽培连续开花结果，植株负担重，缺肥缺水极易造成植株早衰矮化，追肥至少进行4～5次。追肥时期分别为：第一次追肥是在植株顶花序现蕾时，此时追肥主要是促进顶花序生长；第二次追肥是在植株顶花序果实膨大期，此时追肥量可适当加大，施肥种类以磷、钾为主，有利于增大果个和提高品质；第三次追肥是在植株顶花序果实采收前期，此次追肥以钾肥为主；第四次追肥是在植株顶花序果实采收后期，以后每隔15～20d追肥一次，每次每亩施氮、磷、钾复合肥8～10kg为宜，并配合浇水。

图4-39　叶缘吐水

图4-40　膜下滴灌

8. 赤霉素处理

在草莓促成栽培中，赤霉素处理有促进生长、促进叶柄和花序抽生、打破休眠、防止植株矮化的作用。一般在保温开始以后，植株第二片新叶展开时，喷施赤霉素，休眠较深的在保温后3d即可处理。喷洒浓度和用量因品种而异，但促成栽培主要用休眠浅的品种，如"章姬"、"枥乙女"、"红颜"、"甜查理"等，只喷一次即可，浓度5～7mg/L（1g赤霉素兑水135～200kg），每株用量5mL。喷时重点喷到植株的心叶部位（图4-41）。赤霉素用量不宜过大，否则会导致徒长，叶柄长，特别是花序梗抽薹疯长（图4-42）。喷赤霉素时最好选在高温时间，喷后把室温控制在30～32℃，这样几天后就可见效。如果浅休眠品种保温后植株生长旺盛，叶肥大而鲜绿，也可不喷赤霉素。目前，生产中常用含植物生长调节剂的保效灵（图4-43）等替代赤霉素，起到抽枝促花、膨大拉长等作用。

图4-41　喷施赤霉素

图 4-42　赤霉素过量花茎徒长　　　　　　　　　　　图 4-43　保效灵

9. 植株管理

　　从定植到采收结束，日光温室促成栽培草莓植株的生长发育期很长，植株一直进行着叶片和花茎的更新，为保证草莓植株处于正常的生长发育状态，具有合理的花序数，要经常进行病老残叶摘除、掰芽、匍匐茎摘除、花序整理等植株管理工作。

　　（1）摘掉病老残叶随着时间的推移，草莓植株上的叶片会逐渐老化和黄化，呈水平生长状态。叶片是光合作用的器官，但是病叶和黄化老叶制造的光合产物还抵不上自身的消耗，而且容易发生病害。因此，在新生叶片逐渐展开时，要定期去掉病叶和老叶（图4-44），以减少草莓植株养分消耗，改善植株间的通风透光，减少病虫害。

图 4-44　摘除病老残叶

（2）掰芽 促成栽培的草莓植株生长较旺盛，易出现较多的腋芽，引起养分分流，减少大果率，降低产量，所以要将多余的腋芽掰掉（图4-45）。方法是在顶花序抽生后，每个植株上选留两个方位好且粗壮的腋芽，其余全部掰除，以后再抽生的腋芽也要及时掰除。

图4-45 掰除腋芽

（3）摘除匍匐茎 草莓的匍匐茎和花序都是从植株叶腋间长出的分枝，其植物学位置相同，只是发生的时间有先后之别。抽生的匍匐茎及发育的子苗，会大量消耗母株的养分，影响腋花芽分化，从而降低产量，因此在植株的整个发育过程中要及时摘除。

（4）花序整理 草莓花序多为二歧聚伞花序或多歧聚伞花序，花序上高级次花所结果实较小，对产量形成意义不大。因此，要进行花序整理以合理留用果实，一般生产上每个花序留果实7～12个，其余高级次花果疏除。果实成熟期，花序会因果实太重而伏地，易引起灰霉病及其他病害，造成烂果。因此，生产上常采用高垄栽培，通风透光好，减少病果、烂果的发生，同时还可以在定植垄的两端钉木桩，用绳子拴在木桩上拉紧，将花序担起（图4-46）。此外，结果后的花序要及时去掉，以促进新花序的抽生。

图4-46　用绳将花序担起

10. 辅助授粉

　　辅助授粉是保护地草莓栽培提高产量、增加果实商品率、减少无效果比例、降低畸形果数量的重要措施。虽然草莓属于自花授粉植物，但通过异花授粉可大大提高坐果率，保证丰产和优质。草莓授粉可通过风和昆虫完成，但在冬季促成栽培中，受环境条件限制，需要进行辅助授粉。目前生产上普遍使用蜜蜂辅助授粉技术（图4-47）。大棚内放蜜蜂的数量，一般以一只蜜蜂一株草莓的比例放养，蜂箱最好在草莓开花前3～5d放入棚内，先让蜜蜂适应一下大棚内的环境条件。蜜蜂飞行距离一般为400m，访花时间为8～16h，蜜蜂适宜活动的温度为15～25℃。放蜂期间避免打药。在放蜜蜂期间应在温室底部放风口拉一层窗纱（图4-48）挡住放风口，避免蜜蜂从放风口飞出去。

图4-47　蜜蜂授粉

图4-48　放风口拉一层窗纱

　　蜂箱在棚内放置位置传统的做法是：放置在棚内离地面15cm高处，棚中间坐北朝南，光照好的地方（图4-49）。但于文英等实验证明，把蜂箱放在靠近大棚的西南角，蜂箱巢口对着大棚的东北角，或者把风箱放在大棚的东南角，巢门对着大棚的西北角，授粉效果比较好。首先蜜蜂群体有向光性，使蜂箱背靠太阳减少了蜜蜂受阳光的刺激，出巢活动较晚。其次蜜蜂有向阳性，如果巢口向南光线照射后，蜂群提前受阳光刺激，蜜蜂出巢奋力从巢口飞起，把透明塑料布误认为是空间，猛力撞击，飞翔受阻，落地粘泥而死。草莓大棚一般设计为南低北高，如把蜂箱放在大棚北面，蜜蜂在出巢门飞翔时习惯直立盘旋起飞，由巢门冲向上空，会直接撞击大棚造成蜜蜂死亡（图4-50）。因此蜂箱放在西南角或东南角处，蜜蜂出巢后有较大的空间飞高飞远，大大减少蜜蜂撞击大棚的次数，减少伤亡。但蜂箱放在南面，要注意保温防潮。

图4-49　传统蜂箱放置位置

图4-50　蜜蜂撞棚死亡

11. 施用二氧化碳气肥

由于冬季日光温室放风时间较短，室内严重缺乏二氧化碳，使草莓光合作用效率下降，制约了草莓产量的提高。因此，采用二氧化碳施肥对草莓促成栽培增产、增收意义重大。日光温室内日出前二氧化碳浓度最高，揭帘后随着光合作用的逐渐加强，二氧化碳浓度急剧下降，近中午时已经严重亏缺，放帘子后又逐渐升高。虽然可以通过通风换气使日光温室中的二氧化碳得以补偿，但在寒冷冬季不可能总以此种方法来补偿二氧化碳，因此人工施用二氧化碳显得尤为重要。

（1）二氧化碳施肥的方法

① 增施有机肥。增施有机肥是增加日光温室内二氧化碳浓度的有效措施，因为土壤微生物在缓慢分解有机肥料的同时会释放大量的二氧化碳气体。

② 使用液体二氧化碳。在日光温室内直接施放液体二氧化碳具有清洁卫生、用量易控制等许多优点。

③ 放置干冰。干冰是固体形态的二氧化碳，将干冰放入水中使之慢慢气化或在地上开2～3cm深的条状沟，放入干冰并覆土，这种方法具有所得二氧化碳气体较纯净、释放量便于控制和使用简单的优点，但成本相对较高，而且干冰不便于贮运。

④ 化学反应施肥法。主要是强酸与碳酸盐进行化学反应，产生碳酸，在低温条件下分解为二氧化碳和水，生产中推广的主要是用稀硫酸和碳铵反应法。目前生产中常用的二氧化碳发生剂（图4-51）和二氧化碳发生器（图4-52），在市场上均有销售。

图4-51　吊袋式二氧化碳发生剂　　　　　图4-52　二氧化碳发生器

（2）二氧化碳施肥时期及时间　二氧化碳施放时期一般在严冬早春及草莓生育初期效果好。生产上一般在开花后1周左右开始施用，可促进叶片制造大量有机物，并运往果实，提高早期产量。二氧化碳每天的最佳施肥时间是9:00～16:00。如果用二氧化碳发生器作为二氧化碳肥源，施肥时间还应适当提前，使棚内揭草苫后30min达到所要求的二氧化碳浓度。中午如果需要放风降温时，应在放风前0.5～1h停止施用二氧化碳。

（3）二氧化碳施肥需注意事项　寒流期、阴雨天和雪天一般不施或降低施用浓度，晴天宜在上午施，阴天宜在中午前后施。增施二氧化碳后，草莓生长量大，发育速度快，应增施磷、钾肥，适当控制氮肥用量，防止徒长。施放二氧化碳气肥要自始至终，才能达到持续增产效果，一旦停止施放后，草莓会提前老化，产量显著下降，应采用逐渐降低施放浓度，缩短施放时间，直到停止施放，给草莓适应环境的过程。硫酸（采用化学反应法时用到硫酸）有腐蚀作用，操作时应小心，防止滴到皮肤、衣物上，如洒到皮肤上，应及时清洗，涂抹小苏打。

12. 病虫害防治

　　日光温室促成栽培草莓最容易发生的病害是白粉病和灰霉病，危害最重的害虫是螨类、粉虱、蚜虫及小地老虎等地下害虫。具体的病虫害防治方法见本书第五章。

13. 日光温室栽培遇大雪天气的管理

　　初冬和早春降雪，外界温度不是很低，可能边降雪边融化，湿透草苫，这样既影响保温，卷放也困难，又容易压垮棚架，因此，采取降雪前揭开草苫，雪停后清除积雪再放下草苫的办法。或者在大雪来临前在草苫或棉被上覆盖一层旧棚膜（图4-53），既保温又可保护草帘不湿，小到中雪可将草帘上加盖的旧棚膜连雪一块卸下，大到暴雪清除起来也方便得多。但是，深冬出现暴风雪天气，外界气温太低不能揭开草苫，否则会冻坏棚内草莓。严冬大雪应对措施：一是及时清除积雪。大雪压在草苫上，很容易把棚架压垮，必须及时清除草苫或棉被上的积雪（图4-54），还要把棚墙旁的雪清走，以防雪融化通过棚脚的泥土渗进棚内，不仅带走热量，而且损坏棚墙。二是采取加温措施。白天清扫膜上的雪，增加棚体透光性，提高棚温，采取临时加

图 4-53　草苫或棉被上覆盖一层旧棚膜

图 4-54　清除草苫或棉被上的积雪

热措施合理调控棚内温度，如灯泡、电暖气（图 4-55）、火炉（图 4-56）、煤气灶等。为增温防冻还可在大棚内扣小拱棚。

　　改善光照。白天要注意早揭草苫增加采光，但要注意采取揭"花帘"的办法，不能一次性全揭，防止雪后转晴，光照过强造成草莓失水，严重时造成永久性萎蔫。

图 4-55　利用电暖气进行加温

图 4-56　利用火炉进行加温

14. 日光温室栽培遇大雾、连阴天天气的管理

冬季经常出现阴天和大雾天气，这种天气温室的光照不及晴天的1/5，空气相对湿度95%以上，室内温度15℃以下，这样的恶劣天气不仅限制了草莓叶片的光合作用，减少光合产量，推迟果实成熟期，如在草莓花期连续几天阴雾天气，还会大大降低草莓坐果率，产生畸形果，果实产量下降，品质变劣，可采取以下应对措施。

（1）连阴天尽量揭帘　连阴天的中午，只要在揭起草苫后不降温，应坚持揭草苫或棉被。可促使植株接受散射光，增加植株对光照的适应能力，利于增产。同时，在连续长时间低温期后天气突然放晴，揭苫不可过早全部拉开，尽量采取拉"花苫"的方法，即隔一苫拉一苫的做法或自动卷帘的棉被卷起一部分（图4-57），避免棚内升温过快，待草莓适应升温后再全部拉开，棚内温度过高时注意及时放风。

（2）增加人工辅助光照　可用白炽灯做光源，进行补光加热处理，每盏100W灯约照7.5m²，每天下午5:00～10:00时补光5～6h，可增产30%～50%，减少畸形果50%左右。

（3）合理控温　安装临时加热设备，加热一般在夜间进行，并在正午前后进行短时间通风，维持室内白天温度在20℃左右，夜间最低温度在10℃以上。

图4-57　棉被卷起一部分

（二）塑料大棚促成栽培技术

由于我国南方冬季气候不是十分寒冷，因此可以利用塑料大棚（图4-58）来进行草莓的促成栽培。目前生产上常采用的是塑料大棚双重保温促成栽培。这种促成栽培方式不使用加温设备，在深冬低温时期，通过在大棚膜内加扣小拱棚或挂幕帐来提高保温效果。同北方日光温室促成栽培一样，南方塑料大棚促成栽培也可以实现11月下旬果实上市，采果时期一直到翌年5月。草莓塑料大棚促成

图4-58　塑料大棚促成栽培

栽培具有鲜果提早供应市场、高产、经济效益好等优点，是一种十分受欢迎的栽培方式。

1. 品种及秧苗的选择

适合草莓促成栽培的品种较多，但对双重保温的促成栽培而言，由于塑料大棚内无加温设备，冬季棚内的温度只能基本满足草莓生长发育、开花结果和果实膨大成熟对温度的要求，塑料大棚促成栽培应选用休眠浅、生长势强、耐低温、栽培容易、品质优良的草莓品种，目前生产中常用品种有"丰香"、"幸香"、"红颜"等。

优质壮苗的标准是：株形矮壮，侧芽少，全株重达35g以上；具有5～6片正常的叶子，叶色鲜绿，叶片大而厚，叶柄粗壮，根状茎粗度1～2cm；须根多，有5条以上，根系长度在5cm以上，粗而白；没有病虫害，植株完整，根、茎、叶各部位没有损伤。为了实现果实提早上市，充分体现促成栽培的优势，应该使用假植的壮苗。在我国南方地区，草莓的假植开始时期宜早，以凉爽湿润的梅雨期为宜，即在6月下旬至7月上中旬采苗假植。

2. 土壤消毒及整地做垄

参照本章"（一）日光温室促成栽培技术"。

3. 定植

假植苗中有50%植株通过顶花芽分化就可以定植，通常是在9月中旬，此时阴雨天较多，植株定植后缓苗快、易成活，有利于花芽进一步分化。假植苗定植过早，会推迟花芽分化，从而影响前期产量，定植过迟，会影响腋花芽分化，出现采收期间隔拉长现象，从而影响整体产量。定植的深度要求"上不埋心、下不露根"。定植方向要求秧苗弓背朝向垄沿。采取大垄双行的定植方式，垄面50～60cm，植株距垄沿10～15cm，株距15～18cm，小行距25～30cm，667m²用苗量7000～10000株。定植时应保持土壤湿润，最好先用小水将整个垄面浇湿踏实。一般在晴天傍晚或阴雨天进行定植，应尽量避免在晴天中午阳光强烈时定植。定植后及时浇水，保证植株早缓苗，定植后1周内每天早晨和傍晚各浇水1次，晴天时要适当遮阴。

4. 扣棚保温及地膜覆盖

草莓塑料大棚促成栽培主要在南方进行，扣棚保温时期一般在第一次冷空气来临之前，大概在10月底至11月初，此时外界平均气温降到15℃左右。保温过早，棚内温度高，植株徒长不利于草莓的腋花芽分化，保温过晚，植株进入休眠，出现矮化，不能正常生长结果，从而影响植株的产量。南方塑料大棚草莓促成栽培一般在显蕾期覆盖地膜，这个时期植株的韧性最好，覆膜过程中给植株造成的伤害最小。覆盖地膜应在早晨、傍晚或阴天进行。盖膜后立即破膜提苗，地膜展平后，立即浇水。覆膜过晚，植株较大，操作困难，提苗时易折断叶柄影响植株生长发育。

5. 小拱棚保温及去除

5℃以下低温会使草莓植株生长发育受到抑制，长期经历此低温植株会进入休眠。因此，在塑料大棚内温度降到5℃之前，在棚内搭起小拱棚进行二层保温（图4-59），以促进草莓植株正常生长。一般在每年12月中旬前后搭建小拱棚，扣棚骨架以竹片为主。在1月份温度最低时，可依实际情况在拱棚上再搭一层棚膜，实现3层保温，这种方法在实际应用中效果很好。2月中下旬随着气温的回升逐步去除小拱棚的二层保温。

图4-59　大拱棚套小拱棚二层保温

6. 温度、湿度及光照管理

（1）温度管理　温度是草莓促成栽培成功与否的限制因子。根据草莓的生长发育特点，扣棚保温后的温度要求如下。

显蕾前：保温初期，温度要求相对高些，白天温度保持在28～30℃，超过30℃要及时放风降温，夜间保持在15～18℃。这样的温度条件可保证草莓植株快速生长，提早开花。

显蕾期：白天温度保持在25～28℃，夜间保持在8～12℃。

开花期：白天温度保持在22～25℃，夜间保持在8～10℃。开花期若经历3℃以下的低温会使花瓣发红，经历0℃以下低温，雄蕊花药变褐，雌蕊柱头变黑，严重影响授粉受精和草莓前期产量。

果实膨大期和成熟期：白天温度保持在20～25℃，夜间5～10℃。此期温度过高，果实膨大受影响，造成果实着色快，成熟早，果实个小，品质差。

草莓生长后期，由于棚外温度高，棚内温度不易控制，要注意大棚内温度控制在30℃以下，防止高温对嫩芽、叶和花蕾等的热伤害。还可通过大棚膜外喷水、搭遮阳网等措施来降温。

（2）湿度管理　塑料大棚内气密性好，容易出现高湿，从而导致白粉病和灰霉病等病害发生严重。除了通过覆盖地膜及膜下灌溉来降低温棚内湿度以外，可通过适当控水、勤放风、挂防雨布等措施减少大棚内的空气湿度，减少病害的发生。

（3）光照管理　光照不足也是草莓塑料大棚促成栽培中的一个重要问题。棚膜表面吸附灰尘后降低透光率，造成棚内光照强度不足，影响叶片的光合作用，从而影响植株的生长发育。长日照对于维持草莓植株的生长势非常重要，为了维持草莓植株后期的生长势，生产上采用电照补光方法来延长光照时间。具体做法是：每$667m^2$安装100W白炽灯泡40～50个，在12月上旬至翌年1月下旬期间，每天日落后补光3～4h或者在夜间补光3h。

7. 施用二氧化碳气肥

具体方法见本章"（一）日光温室促成栽培技术"部分。

8. 病虫害防治

塑料大棚草莓促成栽培中最容易发生的病害同日光温室促成栽培类似，但因南方高温潮湿，灰霉病等发病更严重，具体的病虫害防治方法见第五章。

其他如水肥管理、赤霉素使用、辅助授粉、植株管理等可参照"（一）日光温室促成栽培技术"。

三、半促成栽培技术

半促成栽培是在满足草莓自然休眠所必需的低温量，但尚未彻底觉醒时，利用保温设施开始保温打破休眠，促其开花结果，从而达到比露地栽培提早成熟的栽培方式。我国半促成栽培多以设施类型而定：我国北方多采用的是日光温室和塑料大、中、小拱棚半促成栽培；长江流域及其以南部分地区较多采用塑料大棚半促成；四川等地多采用小拱棚半促成栽培，小拱棚半促成栽培是设施最简单的半促成栽培，一般不需要人工打破休眠或抑制休眠的措施，只需要掌握好开始保温的时期即可。不同类型的保护设施的保温性能不同，开始保温时期也不同，一般保温性能越好的设施，保温越早，浆果成熟也越早；相反，保温性能越差的设施，保温应越晚，以躲过最寒冷的时期，这样浆果上市时期也越晚。

（一）日光温室半促成栽培技术

在我国北方地区，利用日光温室进行草莓半促成栽培（图4-60），冬季不用加温，所以生产成本较低，效益也较好。与日光温室促成栽培相比，日光温室半促成栽培草莓植株的生长发育时期也相对较短，因此病虫害发生也较轻，管理也相对容易。

图4-60 日光温室半促成栽培

1. 品种和苗木选择

半促成栽培对品种的选择不太严格，在北方应选择休眠期较长、耐寒性较强、丰产、个大、优质、抗病、耐贮运的优良品种。如"达赛莱克特"、"石莓7号"等。而南方应选择休眠浅的品种，如"丰香"、"红颜"、"章姬"、"甜查理"、"书香"、"燕香"等。选用草莓组培脱毒原种苗或脱毒一代苗作为春季繁苗的母株，采用繁苗田的优质壮苗或采用假植苗作为定植秧苗。假植苗具有定植后植株生长整齐、强壮、结果早、产量高等优点。

2. 土壤消毒及整地做垄

土壤消毒的具体方法参照本章"日光温室促成栽培技术"部分。

土壤消毒处理后平整土地，667m² 施农家肥 3000 ～ 5000kg，氮、磷、钾复合肥 50kg，氮、磷、钾的比例以 3 ：3 ：2 为宜。农家肥也可以在太阳能土壤消毒前施入，通过高温使农家肥充分腐熟，然后做成南北走向的高畦大垄。畦面宽 50 ～ 60cm，畦沟宽 30 ～ 40cm，沟深 20 ～ 30cm，畦面要求平整。在高畦上两边加小土埂，做成小平畦，以便于随时浇小水或追肥。

3. 定植

半促成栽培的定植时期因地而异，一般北方地区于花芽分化前定植，因为北方地区寒冷，秋季低温来得早，定植过晚会影响植株根系的恢复，华北地区 8 月下旬 9 月上旬前后。南方地区多在花芽分化以后定植，由于南方地区秋季温暖，定植后仍有一段比较充足的生长时间，缓苗后，秧苗生长良好，有利于开花结实，大约在 10 月上旬。

4. 扣棚及地膜覆盖

半促成栽培开始扣棚保温的时期主要根据当地的自然条件和品种的休眠特性及上市时间而定。休眠浅，低温需求量低的品种，解除休眠的时间早，可以早保温；休眠深的品种，低温需求量高，解除休眠的时间晚，保温时期可适当晚些。保温过早植株尚在休眠状态，出现矮化，叶柄不伸长，叶片小，结果硬而小，产量低，品质差；保温过晚，低温过量，植株易出现徒长，早熟效果不明显，影响产量及经济效益。在北方地区一般日光温室半促成栽培扣棚保温在 12 月中旬至 1 月上旬之间为宜。

地膜覆盖应在扣棚保温后 7 ～ 10d 进行，过早由于植株经过一段低温休眠后，植株矮平，老叶干脆易折伤，不易操作。保温后新叶开始长出，植株稍高，具韧性，易操作。但不易过晚，叶片量大或植株过大时操作困难，破口过大，地温提升慢，影响生长。覆盖地膜应在早晨、傍晚或阴天进行。盖膜后立即破膜提苗，地膜展平后，立即进行浇水。

5. 温湿度管理

温湿度调控是日光温室半促成栽培的重要技术环节。开始扣棚保温后到现蕾前，不易升温过猛，刚经过休眠的植株需要有一个适应高温的过程，同时前期温度过高对花芽分化的后期完善有影响。

（1）保温初期　白天适宜温度为24～30℃，夜间为9～10℃，最低8℃，当室温超过35℃时，应及时通风换气降温。夜温达不到要求时，可采用加盖草帘等保温措施。室内空气湿度可保持在85%～90%。

（2）显蕾开花期　温度和湿度都不能过高或过低。一般白天应控制在23～26℃，夜间8～10℃。白天温度超过28℃，就会影响正常的授粉受精。此期湿度一般控制在50%左右，高于60%或低于30%，就会影响正常的授粉受精，导致畸形果增多。

（3）浆果膨大期　温度要求低些，在接近成熟时，要经常通风换气，调节温度，白天保持在20～23℃，夜温保持5～8℃。此期若温度高，浆果小，采收早；若温度较低，则浆果大，采收迟。所以可根据当地市场的需要，灵活控制温度。草莓进入3月中下旬后，气温逐渐升高，可顶风、底风同时放，底风宜在中午逐日加大放风量，一般在4月20日前后即可撤除棚膜。

6. 肥水管理

基肥的使用量和施用方法参照本章"日光温室促成栽培技术"部分。

在整个植株生长期还要及时追肥，以补充养分的不足。一般追肥与灌水结合进行，每次追施的液体肥料浓度以0.2%～0.4%为宜，注意肥料中氮、磷、钾的合理搭配。追肥的时期分别是：第一次追肥是在植株顶花序显蕾时，此时追肥的作用是促进顶花序生长；第二次追肥是在顶花序果实开始转白膨大时，此次追肥的施肥量可适当加大，施肥种类以磷、钾肥为主；第三次追肥是在顶花序果实采收期；第四次追肥是在第一腋花序果膨大期。

日光温室半促成栽培也不能采取大水漫灌的灌溉方式，因为大水漫灌容易增大温室内空气湿度，引发病害，同时还会造成土壤升温慢，延迟植株生长发育进程。因此，最好采用膜下滴灌。定植后及时灌水，上冻前灌足封冻水。升温后的灌水总体上做到"湿而不涝，干而不旱"。

7.赤霉素处理

在草莓半促成栽培中喷洒赤霉素可以加快打破植株休眠，进而促进开花结果。赤霉素的处理时期是升温后植株开始生长时，浓度为5～10mg/L，较促成栽培浓度稍大，但因品种而异，休眠深的品种适当大些，使用量为每株5mL，要喷在苗心，而不要喷在叶片上。

8.植株管理、辅助授粉

参照本章"日光温室促成栽培技术"。

9.病虫害防治

日光温室半促成栽培草莓最容易发生的病害是白粉病、灰霉病、根腐病等，为害最重的害虫是螨类和蚜虫。具体的病虫害防治方法见第五章。

（二）塑料大棚半促成栽培技术

塑料大棚半促成栽培（图4-61）是在草莓植株即将结束休眠之前，应用多种措施打破休眠，通过覆盖棚膜进行保温，使植株提早发育和结果的栽培方式。这种栽培方式既不同于塑料大棚促成栽培，又有别于一般的拱棚早熟栽培。

图4-61　塑料大棚半促成栽培

1. 品种和苗木选择

根据半促成栽培的特点，南方应选休眠较浅的品种，如"丰香"、"章姬"、"鬼怒甘"、"红颜"、"书香"等。北方应选休眠较深的品种，如"达赛莱克特"、"石莓6号"、"石莓7号"等。大棚草莓的半促成栽培，由于比小拱棚采收早，开花前生育期变短，所以对秧苗质量要求较高。秧苗标准是：根系发达，白根多，叶柄短粗，成龄叶5片以上，新茎粗1cm以上。

2. 土壤消毒及整地做垄

参照本章"（一）日光温室促成栽培技术"。

3. 定植时期及定植方式

定植时期可在花芽分化以前或在花芽分化以后定植。北方寒冷地区在8月下旬至9月初花芽分化前定植，南方温暖地区可于花芽分化后10月下旬以后定植。采用大垄双行的定植方式，半促成栽培较促成栽培植株后期生长量大，株行距可适当大些，株距15～18cm，小行距25～30cm，大行距60cm，667m^{2}用苗量7000～8000株。定植时应保持土壤湿润，最好先用小水将垄面浇湿。一般在晴天傍晚或阴雨天进行定植，应尽量避免在晴天中午阳光强烈时定植。定植后及时浇水，保证植株早缓苗，定植后一周内每天早晨和傍晚各浇水一次，有条件的要适当遮阴。

4. 扣棚及地膜覆盖

北方地区草莓生长在10月中下旬，随日照的缩短和气温的降低，开始进入休眠期，到12月初，休眠逐渐深化，以后又逐渐觉醒。普通半促成栽培是使草莓植株在自然低温条件下，打破休眠之后开始保温，适宜保温时间通常是在1月上中旬。扣棚过早，植株休眠难以打破，植株矮小，长势弱，即使花序抽生并开花结果，产量也明显受影响；扣棚过晚，低温过量，会出现植株营养生长过旺的现象，匍匐茎大量抽生，整个收获期延迟。

扣棚保温后不久，进行地膜覆盖。地膜覆盖应在早晨、傍晚或阴天进行，盖膜后立即破膜提苗，地膜展平后，立即进行浇水。

5. 温湿度管理

（1）温度管理　大棚半促成栽培比露地栽培提早成熟1～2个月，可以获得较高的效益。在棚温调控方面，扣棚后需要密闭保温，以便棚内温度迅速升高，以促进植株茎叶的生长，扩大叶面积，促进光合作用，提高植株体内营养累积水平，进而有利于开花结果。扣棚前期，要保证白天温度在30℃左右，夜间最低温度应保持8℃以上。如夜温达不到要求，应在棚内扣小拱棚，必要时在小拱棚上加盖草帘；当昼温超过35℃时，要白天撤除小拱棚。保温一个月后，新叶展开3～4片时，开始现蕾开花。开花时花器对高温极为敏感，超过35℃，花粉生活力降低，影响授粉受精，夜温降到0℃以下时雌蕊易受冻，长出畸形果，此段时期，白天保持20～25℃，夜间保持8～10℃，地温保持在18～20℃为宜，温度过高时要及时通风换气，同时，调温作业要稳，不使温度有高、低剧烈变化，以防对花器发育不利。果实膨大期白天温度可保持20～22℃，夜间5～10℃，此时，可根据市场需要来调节温度，温度高成熟早，但果小，温度低些成熟延迟，但果个大。

（2）湿度管理　升温后，植株开始快速生长，从此要尽可能降低大棚内的湿度，因为棚内湿度过大，容易发生病害，影响草莓的正常生长发育。除了通过覆盖地膜及膜下灌溉来降低温室内湿度以外，还要特别重视通风换气。开花期，棚内的湿度应控制在40%～50%。

6. 水肥管理

（1）浇水　定植后及时灌水，扣棚前灌透水，扣棚后为降低棚内湿度做到"湿而不涝，干而不旱"。

（2）施肥　基肥的使用量和施用方法见本章的"日光温室促成栽培技术"部分。除了在定植前施入基肥外，在整个植株生长期还要及时追施肥料以补充养分的不足。一般追肥与灌水结合进行。

7. 赤霉素处理

在草莓半促成栽培中喷洒赤霉素可以加快打破植株休眠，进而促进开花结果。赤霉素的处理时期是升温后植株开始生长时，浓度为5～10mg/L，用量为每株5mL，赤霉素喷施一定要掌握好浓度，品种不同浓度不一样，同一品种如果浓度过小则作用不明显，浓度过大则出现徒长。同时要把药液喷在苗心，而不要喷在叶片上。

8. 植株管理

参见本章"（一）日光温室促成栽培技术"。

9. 辅助授粉

参见本章"（一）日光温室促成栽培技术"。

10. 病虫害防治

塑料大棚半促成栽培草莓最容易发生的病害是白粉病、灰霉病、根腐病等，危害最重的害虫是螨类、蚜虫和白粉虱。具体的病虫害防治方法见本书第五章。

（三）中、小拱棚早熟栽培技术

塑料中、小拱棚早熟栽培是在露地栽培基础上发展起来的一种栽培方式，所以对草莓生产中的休眠、花芽分化问题不必过多考虑，生产技术相对简单。塑料小拱棚早熟栽培的草莓比露地栽培的草莓提早15～20d成熟，塑料中拱棚早熟栽培的草莓比露地栽培的草莓提早20～30d成熟，效益较好。

1. 中拱棚栽培技术

中拱棚栽培（图4-62）是介于小拱棚和大拱棚之间的设施结构，空间较小于大拱棚，人员可以进入操作。一般宽3～6m，中高1.5～1.8m，长10m以上，面积30～60m^{2}不等。中拱棚和小拱棚的性能相似，由于其空间较大，热容量较大，故棚内温度变化较小，温度条件优于小拱棚。

（1）品种的选择　中、小拱棚栽培品种选择与露地基本一致，只是北方可选用休眠较深，低温需求量较多，较抗病的品种；南方可选用休眠期浅，低温量要求较少，耐高温、抗病较强的品种。其秧苗质量的要求与露地基本相同。

图 4-62　中拱棚栽培

（2）土壤消毒及整地做垄　土壤消毒的具体方法参照本章"日光温室促成栽培技术"部分。土壤消毒应提早进行，在7月末至8月初完成。

土壤消毒后平整土地，施入腐熟的优质农家肥3000～5000kg和氮、磷、钾复合肥50kg（农家肥也可以在太阳热土壤消毒时加入，通过高温使农家肥充分腐熟），然后做畦。小拱棚一般采用平畦栽培或半高垄栽培，平畦宽1.3～1.4m；也可半高垄定植，垄高10cm，垄面宽40cm，垄沟宽30cm，垄面呈弧形。中拱棚可起高垄，垄面上宽50～60cm，下宽70～80cm，垄沟宽20～30cm，高垄25～30cm。

（3）定植时期及方法　根据育苗方式确定草莓植株定植时期，同时因地区而异。对于假植苗，当顶花芽分化完成后开始定植，在北方地区，通常是在9月中下旬。对于非假植苗，北方地区要提前定植，一般是在8月中下旬，而南方地区一般是在10月上中旬定植。

小拱棚平畦栽4行，株距20cm，行距30cm；半高垄栽培，垄上两行，株距20cm，小行距25～30cm，大行距40～45cm；亩定植10000株左右。中拱棚采取大垄双行的定植方式，植株距垄沿10cm，株距15～18cm，小行距25～30cm，667m² 用苗量8000～10000株。定植的深度要求"深不埋心、浅不露根"。定植时植株弓背朝向垄沟，这样花序全部排列在垄沿上，有利疏花疏果和果实采收。

（4）扣棚时期及温度调控　覆盖棚膜的时间依各地区的气温回升情况来确定，生产上有早春扣棚和晚秋扣棚两种形式。我国南方地区多在早春草莓新叶萌发前进行扣棚，如果扣棚过早，虽然植株能够提早生长发育和开花结果，但早春的低温易造成花器官和幼果受害，早春扣棚对棚膜本身有利，但较难操作，早熟效果不如冬前。春季扣棚时，需撤除地膜上其他覆盖物，保留地膜，并及时破膜提苗。秋季扣棚在北方地区较普遍，冬前进行省工省时易操作，当外界最低气温降至5℃左右时，可以进行扣棚。扣棚后，植株还有一段时间生长，延长了植株花芽分化时间，增加花芽的数量和促进花芽分化质量，有利于提高产量，早熟效果好。其缺点是经过一个冬季，棚膜易老化，冬季易被大风吹坏，须加强管理。扣棚后若棚内温度超过24℃，要通风降温，一方面防止温度过高引起植株徒长和伤害叶片，另一方面保证花芽分化。通风一般从棚两端开放，夜间闭合拱棚保温。

不同的生长发育期对温度要求不同，棚内一般不能低于5℃，或高于30℃。萌芽到现蕾期（展叶期）白天温度控在15～20℃，夜间6～8℃；开花坐果期白天20～25℃，夜间最低不能低于5℃；果实发育期控在10～28℃。拱棚昼夜温差大，可达20℃左右。随着温度的上升，当夜间气温稳定在7℃以上时，草莓植株通风锻炼3～5d后，拱棚可以撤掉。

（5）防寒 在北方地区，土壤封冻前要浇一次透水，然后在垄上盖上地膜，地膜上覆盖10cm厚的稻草或秸秆。风比较大的地区要在拱棚四周围一层草帘，既防止大风吹坏拱棚，又起到一定的保温作用。早春夜间温度低，要将拱棚风口封严，若遇突然降温天气或霜冻可在拱棚附近点若干堆火，利用烟熏以减少不良环境条件对草莓植株造成的伤害。

（6）升温后管理 早春随外界气温的逐渐升高，可分批去除防寒稻草，然后破膜提苗，清除老叶、枯叶。拱棚升温后植株就转入正常的生长发育阶段，这时要及时浇水、追施一次液体肥，以满足植株萌发的需要。在顶花序显蕾时和顶花序果开始膨大时要追肥，追肥与灌水结合进行。肥料中氮、磷、钾配合，液肥浓度以0.2%～0.4%为宜。浇水不可以采取大水漫灌，否则易造成地温上升慢，病害严重等现象。除结合施肥浇水外，还要根据土壤缺水程度和植株需水情况适时补充水分，以满足植株对水分的需求。

（7）病虫害防治 病虫害防治方法参照第五章。

2. 小拱棚栽培技术

小拱棚（图4-63）结构简单，取材容易，搭建方便，样式多，投资少，管理方便。拱棚材料以竹竿、竹片、木杆做骨架，也有的用6～8mm的钢筋或轻型扁钢。小拱棚一般长10～20m，跨度1.5～1.8m，棚中间拱起高度

图4-63 小拱棚栽培

为0.8～1m，采用拱圆棚。小拱棚不宜过长，过长不利于通风换气，每隔10m要设一通风口。拱架之间50～80cm，深20～30cm，棚膜可选用0.06～0.08mm厚的聚乙烯薄膜，无滴薄膜更好，扣膜后必须用压膜线固定。夜间覆盖草帘，以防大风卷膜。南北、东西向棚均可，一般东西向棚成熟早，南北向棚成熟不一致，南边的早北边的晚，南北走向的棚东西成熟基本一致，采收较集中。小拱棚空间小，管理不便，小拱棚保温效果较差，棚内温度变化较大，一般加盖草帘比露地提高4～6℃，棚内最低温度时间是12月份至翌年1月下旬。

四、无土栽培技术

无土栽培是不用天然土壤，而利用含有植物生长发育所必需的元素的营养液来提供营养，并使得植物能够正常地完成整个生命周期的一种栽植技术。无土栽培又称为营养液栽培、溶液栽培、水耕、水培、营养液栽培等。随着世界各国有机农业的发展，人们对无土栽培越来越赋予更新更广的含义，凡是不用土壤，用各种无机、有机基质配合适当的有机肥料及少量无机肥料来栽培作物的方式均属于无土栽培的范畴。

无土栽培的生产设备包括：栽培床、基质、灌溉系统和自动化控制系统等。栽培床是植物根系生长的地方，有栽培槽（图4-64）和栽培袋（图4-65）两种，其内盛装栽培基质和营养液。栽培基质是具有一定大小并有良好透气保水性质的颗粒，主要有草炭、锯末、树皮、炭化稻壳、岩棉、珍珠岩、蛭石和炉渣等。灌溉系统的主要作用是将营养液或水浇灌到栽培床中，一般采用滴灌或微喷灌的方式。无土栽培的营养液必须含有植物生长所需要的全部营养元素，而且是植物根部可以吸收的状态，各种元素之间的比例均衡，其总盐分浓度及其酸碱反应，符合植物生长的要求。

无土栽培具有节水、节能、省工、省肥、减少环境污染、防止连作障碍、产品无污染及高产高效等诸多优点。并且由于其栽培技术的逐渐成熟和发展，应用范围和栽培面积也不断扩大，经营与技术管理水平空前提高，实现了集约化、工厂化生产，达到了优质、高产、高效、安全、低耗的目的。无土栽培在设施条件下进行，我国常用的设施有玻璃温室、日光温室、塑料大棚、防雨棚及遮阳网覆盖等。因此，无土栽培是保护地栽培或设施栽培中的一种技术。当然，无土栽培一次性投资高，运行成本较高，技术性强，对管理人员素质要求高，还必须有充足的能源保证等。

图4-64 槽式无土栽培 　　　　　　　　　图4-65 袋式无土栽培

（一）无土栽培类型及方式

无土栽培的方式方法多种多样，不同国家、不同地区因科学技术发展水平、当地资源条件、自然环境等差异，采用的无土栽培类型和方法各异，目前还没有一个统一的分类方法。比较普遍的分类方法，是根据作物根系的固定方法来区分，大体上可分为无基质栽培（又称介质栽培）和基质栽培两大类。也有按其消耗能源的多少和对环境生态条件的影响，可分为有机生态型和无机耗能型无土栽培等。

基质栽培是生产中应用最多的一种方式。基质栽培是植物通过基质固定根系，并通过基质吸收营养液和氧气，它又可分为有机基质和无机基质两大类。有机基质多应用草炭、锯末、树皮、刨花、稻壳、蔗渣等，均可作为无土栽培的基质。无机基质的种类很多，包括蛭石、珍珠岩、沙、砾、陶粒、炉渣等颗粒基质，以及聚乙烯、聚丙烯、脲醛等泡沫基质及岩棉等纤维基质。

（二）无土栽培技术

1. 栽培模式

　　根据需要可选用地面砌砖槽栽培、草莓专用槽栽培、分层槽式栽培（图4-66）、立柱式栽培（图4-67）、吊袋式栽培（图4-68）、袋培（图4-69）以及盆栽（图4-70）等多种形式，采用立体栽培即可充分利用空间，使植株立体受光，又能提高单位面积产量和果实品质，草莓成熟后红果悬挂于空中，使游人在清洁、优美的环境中享受采摘的乐趣（图4-71）。

图4-66　分层槽式栽培

图4-67　立柱式栽培

图4-68　吊袋式栽培

图4-69　袋式栽培

图 4-70　盆栽

图 4-71　采摘乐趣

2. 草莓苗的培育

　　草莓有机生态型无土栽培对秧苗的苗龄、质量有较高的要求，最好采用无病毒苗，并采用无土育苗来培育。无土育苗具有加速秧苗生长、缩短苗期、利于培育壮苗、避免土传病虫害的作用，并可以控制草莓植株体内碳氮比，从而实现控制花芽分化的进程。秧苗生长后期为促进花芽分化，可中断氮肥的施用，即在8月下旬将浇灌的营养液改用冷凉的井水，在中断氮肥供应的同时，降低根际温度，可起到促进花芽分化的作用。在秧苗培育期间要及时摘除植株上的老叶和新发生的匍匐茎，以减少营养消耗，促进秧苗健壮生长。

3. 栽植与管理

　　（1）栽植方式　无土固体基质栽培，多采用砖砌栽培槽（图4-72）或专用栽培槽（图4-73）进行栽培。砖砌栽培槽一般做成内径48cm、外径72cm、深20cm、槽间距40～50cm，以方便田间操作，做槽时先在槽内铺一层砖，槽内铺0.1mm的聚乙烯农用膜与土壤隔离。专用草莓栽培槽一般上口宽30cm、底宽20cm、高为25cm。栽培槽内装入栽培基质，配置滴灌设施即可，一般栽培槽以南北方向为宜。

　　　　　　　(a)

　　　　　　　(b)

图4-72　砖砌栽培槽

　　固体基质由无机基质和有机基质混合而成，应疏松通气，蓄水力强，无病虫害。生产上常用的基质配方有以下几种。

　　① 草炭∶蛭石=3∶1

　　② 草炭∶蛭石∶珍珠岩=4∶1∶1

　　③ 草炭∶锯末（或废棉籽皮）∶蛭石（或珍珠岩）=1∶1∶1

　　④ 草炭∶蛭石=2∶1

　　混匀后每立方米加10kg腐熟的优质有机肥（如鸡粪）。这些基质能像土壤一样对草莓根系起固定、支持作用，给草莓植株提供氧气、水分、养分，满足草莓生长发育的需要。在生长过程中如果感觉缺肥，可以在滴管浇水的时候补充营养液或速效肥。

　　（2）栽植时期与栽后管理　无土栽培的栽植时期一般在8月中下旬至9月上中旬进行。在栽植前准备好栽植槽，装入配好的基质，浇水沉实，使基质略低于槽口，然后铺设滴灌管，覆盖黑色农用地膜压严四周。一般每个栽植槽栽2行，行距20cm，株距15cm。

　　秧苗栽植时应选择优质壮苗，随取随栽，秧苗从育苗钵中取出后轻轻抖掉根部所带基质，摘除基部老叶，然后栽植。在栽植槽中栽植时，按规定的株行距打孔破膜，栽植时植株弓背向外，栽好后将栽植孔封严。秧苗栽后的管理与一般日光温室栽培基本相同，栽培管理参照一般日光温室栽培。

图4-73　草莓专用栽培槽

第五章

草莓主要病虫草害防治技术

随着我国草莓产业的迅速发展，栽培面积越来越大，栽培范围越来越广，特别是设施栽培的广泛应用，多年连作及种苗的频繁引种，病虫害及生理性病害的种类不断增多，传播加速加重，危害也越来越大。因此草莓病虫害防治便成为栽培成功与否的重要环节。草莓病虫害防治应坚持"预防为主，综合防治"的原则。

一、草莓主要病害及防治

草莓主要病害有几十种，生产中常把病害分为侵染性病害和生理性病害两大类。

（一）侵染性病害及防治

白粉病

（1）症状　草莓白粉病在草莓整个生长期均可发生，主要危害叶、叶柄、花、花梗和果实，匍匐茎上很少发生。叶片染病在发病初期，叶片的背面和茎上产生白色近圆形星状小粉斑（图5-1），随着病情的加重，病斑逐渐扩大并且向四周扩展成边缘不明显的白色粉状物，发病后期严重时，多个病斑连接成片，整片叶子上布满白粉，叶缘也向上卷曲变形，最后叶片呈汤匙状（图5-2）。花蕾、花、花托染病，花瓣呈粉红色或浅粉红色，花蕾不能开放，花托不能发育（图5-3）。幼果染病，病部发红，不能正常膨大，发育停止，干枯，发病后期果实表面明显覆盖一层白粉，严重影响浆果质量，失去商品价值（图5-4）。

图5-1　白粉病危害初期　　　　　　　　图5-2　白粉病危害后期

图 5-3　白粉病危害花蕾、花和花托

病菌侵染的最适温度为 15 ～ 20℃，低于 5℃ 和高于 35℃ 均不利于发病。适宜的发病湿度是 40% ～ 80%，雨水对白粉病有抑制作用，孢子在水滴中不能萌发。草莓发病敏感生育期为坐果期至采收后期，发病潜育期为 5 ～ 10d。该病是日光温室和大棚草莓栽培的主要病害，严重时可导致绝产绝收。

图 5-4　白粉病危害果实症状

（2）防治方法

① 农业防控　选用抗病品种，可选用"甜查理"、"达赛莱克特"、石莓 5 号等；栽前植后要清洁园地；草莓生长期间及时摘除病残老叶和病果，并集中销毁；多施有机肥，合理施用氮、磷、钾肥，避免徒长；合理密植，保持良好的通风透光条件；雨后及时排水，加强肥水管理，培育健壮植株；大棚及温室内要适时放风，控制棚内湿度，晴天注意通风换气，阴天适当开棚降湿。

② 药剂防控　硫黄熏蒸（图 5-5）的方法可预防保护地白粉病的发生，一般在 10 月下旬左右就要进

图 5-5　硫黄熏蒸防治白粉病

行预防，667㎡大棚使用99.5%的硫黄粉15～20g，每天熏蒸2h，每周两次，连续两周即可，能起到较好的预防效果，在白粉病发病期每天硫黄熏蒸8h，连用7～10次，恢复到预防期的使用方法即可。在发病初期，选用50%翠贝干悬浮剂5000倍液，或40%福星乳油8000倍液，或25%粉休2000倍液进行喷雾防治，在发病中心及周围重点喷施，7～10d喷1次，连续防治3次。

灰霉病

（1）症状　草莓灰霉病也是目前草莓生产中的一个重要病害。草莓灰霉病的发生常造成烂果，一般可减产1～3成，发病严重地块减产达到5成以上，对草莓产量、品质影响很大。草莓灰霉病对花、叶、叶柄、果实都会造成危害。发病多从花期开始，病菌最初从将开败的花或较衰弱的部位侵染，草莓的花染病变为浅褐色坏死腐烂，产生灰色霉层（图5-6）。叶片染病是在叶缘处腐烂，病斑黄褐色呈"V"形，其上有灰色的霉层（图5-7）。果实染病多从残留的花瓣或靠近或接触地面的部位开始，发病初期呈水渍状灰褐色坏死（图5-8），随后颜色变深，果实腐烂，表面产生浓密的灰色霉层（图5-9）。

病菌喜温暖潮湿的环境，发病最适气候条件为温度18～25℃，相对湿度90%以上。草莓发病敏感生育期为开花坐果期至采收期，发病潜育期为7～15d。保护地栽培比露地栽培的草莓发病早且重。阴雨连绵、灌水过多、地膜上积水、种植密度过大、生长过于繁茂等，均易导致草莓灰霉病严重发生。

（2）防控方法

① 农业防控　选用抗病品种，品种间的抗病性差异大，一般欧美系等硬果型品种抗病性较强，而日本系等软果型品种较易感病；避免过多施用氮

图5-6　灰霉病危害花的症状　　　　图5-7　灰霉病危害叶片的症状

图 5-8　灰霉病危害果实初期症状

图 5-9　灰霉病危害果实后期症状

肥，防止茎叶过于茂盛，合理密植，增强通风透光，及时清除病老枯叶和病果，带出园外销毁或深埋；选择地势高燥、通风良好的地块种植草莓，并实行轮作，保护地栽培要深沟高畦，覆盖地膜，膜下灌溉，并及时通风透光，以降低棚室内的空气湿度，减少病害。

②　药剂防控　用药最佳时期在草莓开花前。保护地栽培在花前用 10% 腐霉利烟剂或 45% 百菌清烟剂烟熏预防，每亩用药 300 ～ 400g，于傍晚用暗火点燃后立即密闭烟熏一夜，次日打开通风；或每亩用 6.5% 乙霉威超细粉尘剂 1kg 喷粉尘防治，7 ～ 10d 熏 1 次。烟熏和喷粉尘效果优于喷雾，因其不增加湿度，防治较为全面彻底。可选用 50% 克菌丹可湿性粉剂 400 ～ 600 倍液，或 50% 烟酰胺干悬浮剂 1200 倍液，或 75% 代森锰锌干悬浮剂 600 倍液，或 50% 腐霉利可湿性粉剂 800 倍液，或 10% 多氧霉素可湿性粉剂 1000 ～ 2000 倍液等喷雾防治。每 7 ～ 10d 喷药 1 次，连续防治 3 次，注意各种药交替用药，以免产生耐药性。

炭疽病

（1）症状　炭疽病主要发生在育苗期、匍匐茎抽生期和定植初期，在结果期很少发生，是草莓苗期的主要病害之一。近几年来，炭疽病的发生有上升趋势，尤其是在草莓连作地，遇上高温高湿天气，炭疽病会成为育苗田毁灭性的病害，给培育优质壮苗带来了严重障碍。草莓炭疽病主要危害匍匐茎、叶柄、叶片，也危害托叶、花瓣、花萼和果实。炭疽病染病后可导致局部病斑和全株萎蔫枯死。叶片染病病斑为圆形和不规则形，直径 0.5 ～ 1.5mm

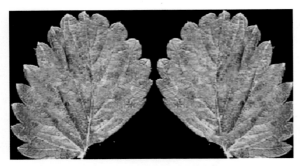

图5-10 炭疽病危害叶片的症状

大小不等，偶尔有3mm大小的病斑，病斑通常黑色，有时为浅灰色，常类似于墨水渍（图5-10），发病初期心叶1～2片失水，以后整株逐渐枯死。叶柄和匍匐茎染病发病初期出现稍凹陷、较小、中央为棕褐色、边缘为紫红色的纺锤形病斑（图

5-11），蔓延后发展到全部叶柄及整条匍匐茎，以致匍匐茎顶端发生枯死现象，潮湿时，病斑上出现鲑红色的分生孢子块。根茎部染病最初症状是病株在水分胁迫期间的午后表现萎蔫，病株最新的2、3个叶片在一天最热的时候出现萎蔫，然后傍晚恢复过来。在环境条件有利于侵染时，这个变化过程可能持续几天直到根茎部被广泛侵染，引起整株萎蔫和死亡（图5-12）。将枯死或萎蔫植株根茎部纵向切开，可见红褐色、硬的腐烂，或者红褐色的条纹。有的植株还会出现芽腐的症状（图5-13），在植株移栽到生产田的几天内或者在定植和形成多个根茎后的几周内，尖孢炭疽菌会引起植株的芽腐，被侵染的芽变成褐色至黑色。只有单芽的植株死亡，有多个分枝的植株，被侵染的分枝芽上腐烂，而其余分枝继续生长，如果病菌继续侵染发展后会引起整株萎蔫和死亡。将被侵染的芽和根茎纵向切开，被侵染的深色芽组织与健康白色的根

（a） （b）

图5-11 炭疽病危害叶柄及匍匐茎症状

茎组织间有一个明显的界限。即使整株死亡，也不会出现像草莓炭疽菌侵染根茎部那样，使根茎变成红褐色。炭疽病危害果实病斑呈圆形，淡褐至暗褐色，软腐状并凹陷，果实表面有黄色的黏状物即分生孢子，被侵染的果实最终干成僵果（图5-14）。

草莓炭疽病是典型高温、高湿性病害，气温30℃左右，相对湿度在90%以上，发病严重，在盛夏高温雨季该病易流行。连作田、偏施氮肥、栽植过密行间郁闭等都有利病害的发生，可在短时期内造成毁灭性的损失。草莓品种间抗病性差异明显。

（2）防控方法

① 农业防控　选择抗病的品种，不同品种间抗病性差异很大，各地应根据实际情况选用优质、高产、抗病品种，如"石莓7号"、"达赛莱克特"、"甜查理"等；育苗地避免重茬，重茬地要进行土壤消毒；栽植密度适宜，不宜过密；合理施肥，氮肥不宜过量，施足有机肥和磷钾肥，扶壮株势，提高植株抗病力；同时注意园内湿度不宜过大，对易感病的品种要采用避雨育苗，高温季节遮盖遮阳网；及时摘除病枯老叶、病茎及带病残株，并集中烧毁，减少病菌传播。

② 药剂防控　炭疽病的药剂预防，要从苗期做起。可以喷施25%嘧菌酯（阿密西达）悬浮剂1500倍液，或80%代森锰锌可湿性粉剂700倍液，或50%咪鲜胺锰盐750倍液，交替使用，每隔5～7d喷施一次，连喷3次即可，喷施时要注意整棵植株都得喷到，必要时将药随浇水灌入根茎部位，这样就能起到更好的预防效果。草莓定植大田后再用药1次，就能防治高温天气导致炭疽病引起的定植苗全株萎蔫性死亡。

图5-12　整株萎蔫和死亡

图5-13　表现出的芽腐症状

图5-14　炭疽病危害果实的症状

根腐病

（1）症状　草莓根腐病属于土传病害，是日光温室草莓栽培中大面积发生的一种根部病害。草莓根腐病分为草莓根腐病（全根腐烂）、草莓白根腐病（根腐烂成白色）、鞋带冠根腐病（被害根似鞋带状）、红中柱根腐病（根部中柱变成红褐色，由内向外腐烂）、黑根腐病（根呈黑色或棕褐色，由外向内腐烂）。该病近年来逐渐增多，严重时可造成整个草莓园区的毁灭，已成为影响草莓产业发展的重要病害，常见的为草莓红中柱根腐病。草莓红中柱根腐病是冷凉和土壤潮湿地区的主要根部病害。该病可以分为急性萎蔫型和慢性萎缩型两种类型。急性萎蔫型（图5-15）多在春夏季发生，从定植后到早春植株生长期间，植株外观上没有异常表现，只是在草莓生长中后期，草莓植株突然发病萎蔫，不久呈青枯状，引起全株枯死。慢性萎缩型（图5-16）定植后至冬初均可发生，呈矮化萎缩状，下部老叶叶缘变紫红色或紫褐色，逐渐向上扩展，全株萎蔫或枯死。根部在发病初期检视根部可见根系开始都由幼根先端或中部变成褐色或黑褐色而腐烂（图5-17），将根纵向切开（图5-18），可见腐烂的根尖以上变红，最终变色可延伸到根茎，将根茎横切，发现根茎中部变成红褐色（图5-19），严重时将根颈部横切和纵切（图5-20），病根木质部及根部坏死褐变，整条根干枯，地上部叶片变黄或萎蔫，最后全株枯死（图5-21）。

该病是低温病害，土壤温度低、湿度高易发病，地温6～10℃是发病适温，地温高于25℃则不发病，大水漫灌、排水不良地块发病重。另外，重茬连作地，植株长势弱，低洼排水不良，大水漫灌，土壤缺乏有机质，偏施氮肥，种植过密等因素都会加重病情。草莓红中柱根腐病的发生具有突然性和毁灭性，所以，做好预防很重要。

图5-15　植株青枯状死亡　　　　　　　　图5-16　慢性型萎缩症状

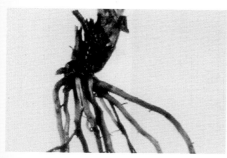

图 5-17　根尖先端或中部变褐

图 5-18　根纵切的危害症状

图 5-19　根茎初侵染危害症状

（a）

（b）

图 5-20　横切和纵切后期危害症状

图 5-21　全株枯死症状

（2）防控方法

①　农业防控　实行轮作倒茬，种植草莓的地块要实行轮作倒茬，草莓田要施行4年以上的轮作，减少土壤中病菌的传播；选无病地育苗，减少种苗带病的机会；选择抗病品种，如"甜查理"、"达赛莱克特"等；施用充分腐熟的有机肥，注意磷、钾肥的使用，以增强植株的抗性；采用高畦或起垄栽培，尽可能覆盖地膜，提高地温，减少病害；雨后及时排水，采用微喷滴灌设施，尽量不要采用大水漫灌，避免浇水造成积水；中耕尽量避免伤根。

②　药剂防控　定植前用2.5%适乐时悬浮剂600倍浸根处理3～5min，晾干后可定植；定植后发现病株及时拔除，并用50%甲霜灵可湿性粉剂1000～1500倍液、70%代森锰锌500倍液、70%甲基硫菌灵1000倍液可湿性粉剂喷雾防治，交替使用，每隔7～10d喷施一次，连喷3～4次，可有效防治草莓红中柱根腐病的发生。或用64%杀毒矾可湿性粉剂500倍液，或72%霜脲锰锌可湿性粉剂800倍液，或72.2%霜霉威（普力克）水剂400～500倍液，或69%安克锰锌水分散颗粒剂或可湿性粉剂700倍液，或25%爱苗乳油3000倍液，或98%恶霉灵可湿性粉剂2000倍液灌根，或用25%瑞毒霉1000倍液、加2000倍液的农用链霉素混配后灌根，消毒病株附近的土壤，可以起到一定的防治效果。

疫霉果腐病

（1）症状　草莓疫霉果腐病（草莓革腐病）主要发生在果实、花和根部，匍匐茎上也能发病。根部首先发病，根由外向里变黑，革腐状。发病早期地上症状不明显，中期植株生长较差。在开花结果期，如果空气和土壤干旱，则植株地上部分失水萎蔫，果小、无光泽、味淡，严重时植株死亡。青果染病后出现淡褐色水烫状斑（图5-22），并迅速蔓及全果，果实变为黑褐色，后干腐硬化，皮革状，略具弹性（图5-23），因此又称草莓革腐病。成熟果发病时，病部稍褪色失去光泽，白腐软化（图5-24），发出臭味，湿度大时果面长出白色菌丝。繁育小苗期间也能发病，主要症状是匍匐茎发干萎蔫，最后干死。

病原菌菌丝生长温度10～30℃，最适温度是25℃，病菌侵染适温17～25℃，病菌以卵孢子在病果、病根等病残物中或土壤中越冬，因此，发病地区的病苗和土壤都可作为病原远距离传播的媒介。病原孢子借风雨、流水、农具等传播，阴雨天气和土壤黏重多湿发病严重，连作重茬地病情严重。

图5-22　果穗呈急性水烫状、变黑褐色死亡

图5-23　果实黑褐色、干腐硬化状

图5-24　病果白腐软化

（2）防控方法

① 农业防控 实行洁净栽培。采用无病苗栽在无病田里一般不会发病，所以，建立无病繁苗基地，实行统一供苗；高畦栽培，防止积水；合理施肥，忌偏施重施氮肥。

② 药剂防控 发病初期可用64%杀毒矾、黄腐酸盐等进行灌根，或用72.2%霜霉威（普力克）600倍液，或72%霜脲·锰锌克露600倍液，或58%甲霜灵·锰锌可湿性粉剂、50%代森锰锌可湿性粉剂500倍液，或35%瑞毒霉可湿性粉剂1000倍液，或69%安克锰锌可湿性粉剂1000倍液，或25%多菌灵可湿性粉剂300倍液，或90%乙膦铝（疫霜灵）500倍液，或40%克菌丹可湿性粉剂500倍液，72%霜脲锰锌（克抗灵）可湿性粉剂800倍液，喷雾防治，均能收到较好的防治效果。7～10d喷1次，连喷3～4次。

终极腐霉烂果病

（1）症状 终极腐霉主要侵害近地面的根和果实，根部染病后变黑腐烂（图5-25），轻则地上部萎蔫，重则全株枯死。贴地果和近地面果实容易发病，发病初病部呈水渍状，熟果病部略呈褐色，后常呈现微紫色，病果软腐略具弹性，果面长满浓密的白色棉状菌丝（图5-26）。叶柄、果梗也可受害变黑干枯。

病菌广泛存在于土壤、农家粪肥及植物病残体中，并能在土壤中长期存活，只要温、湿度条件适宜，即可引起病害发生。菌丝生长适温28～36℃。染病种苗、病土和田间流水均可进行传播。高温、多雨、经常灌水的田块发病均重。重茬地、低洼地、湿度大、密度大等发病重。贴地果实最易感染。

图5-25 根部染病变黑腐烂

图5-26 果面长满白色棉状菌丝

（2）防控方法

① 农业防控 选择避风向阳高燥地块种植草莓；苗床或定植前地块采用太阳能土壤消毒；高畦作床，低洼积水地注意排水，提倡沟灌，忌漫灌；合理施肥，不偏施重施氮肥；采用地膜栽培或用其他材料垫果，可减轻发病。

② 药剂防控 发病初期用25%甲霜灵可湿性粉剂1000～1500倍液，或70%代森锰锌、75%百菌清、40%克菌丹500倍液，或72%克抗灵可湿性粉剂800倍液，或35%瑞毒霉、69%安克锰锌可湿性粉剂1000倍液，或25%多菌灵300倍液，或10%苯醚甲环唑（世高）水分散粒剂1000～1500倍液，或15%恶霉灵水剂400倍液，2%农抗120水剂200倍液。7～10d喷药1次，连喷2～3次。采收前1周停药。也可用20%二氯异氰脲酸钠（菜菌清）可溶性粉剂300～400倍液或70%乙膦·锰锌可湿性粉剂500倍液、50%立枯净可湿性粉剂900倍液灌根，每株灌兑好的药液200mL。

黑霉病

（1）症状 黑霉病主要危害草莓果实，被害果实初为淡褐色水渍状病斑，继而迅速软化腐烂流汤（图5-27），切开果实后看到染病部位果肉变黑（图5-28），失去商品价值，发病部位最终蔓延全果，果实上生颗粒状黑霉（图5-29），只要一处被侵染出现病斑果实会很快腐烂，继而感染相邻果实（图5-30）。

病原菌在土壤及病残体上越冬，生长期靠风雨气流传播，在果实成熟期侵染发病，特别在草莓采收后不及时处理常常迅速大量发病，损失惨重。

（2）防控方法

①农业防控 避免草莓连作，确需连作时，草莓地需进行清理病原并土壤消毒，于定植前利用太阳能＋石灰氮（50kg/亩）＋秸秆（750kg/亩）高温闷棚进行土壤消毒，消毒揭膜后晾3～5d后栽植；加强肥水管理，培育健壮秧苗，及时摘除老叶和病果。

图5-27 染病果实软化腐烂流汤

图5-28 染病部位果肉变黑

图 5-29　果面上生颗粒状黑霉　　　　图 5-30　病果波及相邻果实

②药剂防控　采收前喷布50%多菌灵可湿性粉剂600倍液，或70%代森锰锌可湿性粉剂500倍液，或50%苯菌灵可湿性粉剂1500倍液，或2%农抗120或2%武夷霉素水剂200倍液，或27%高脂膜乳剂80～100倍液，重点喷洒果实。另外，采前喷0.1%高锰酸钾溶液亦有一定的防治效果。

芽枯病

（1）症状　草莓芽枯病主要危害花蕾、幼芽、托叶和新叶，成熟叶片、果梗等也可感病。感病后的花序、幼芽青枯逐渐枯萎（图5-31），呈灰褐色，托叶和叶柄基部感病后产生黑褐色病变（图5-32），叶正面颜色深于叶背，脆且易碎，最终整个植株呈猝倒状或变褐枯死（图5-33）。茎基部和根受害皮层腐烂（图5-34），地上部干枯容易拔起。从幼果、青果到熟果都可受到病菌侵害，被害果病部表现出暗褐色不规则形斑块、僵硬，最终全果干腐，故又称草莓干腐病。

发病的适宜温度是22～25℃，几乎在草莓整个生长期都可以发病，气温低及遇有连阴雨天气易发病，寒流侵袭或温度过高发病重。多肥高湿的栽培条件容易导致病害的发生和蔓延，栽植密度过大和栽植过深会加重病害发生程度。在田间繁苗的夏季，芽枯病有时也发生。

（2）防控方法

①　农业防控　育苗土可以采用1m³土与100g68%金雷水分散粒剂加上100mL2.5%适乐时悬浮剂混均匀铺在苗床中，分苗转育苗时再对苗圃地面喷施68%金雷水分散粒剂600倍液封杀地面残菌；病地块可进行土壤处理，

图 5-31 花序、幼芽青枯枯萎

图 5-32 托叶和叶柄基部干缩

图 5-33 植株呈猝倒状

图 5-34 茎基部和根受害皮层腐烂

每亩用50%菌毒清可湿性粉剂或50%多菌灵或40%恶霉灵可湿性粉剂2～3kg，拌细土均匀撒于定植沟或定植穴中；避免重茬，草莓应与禾本科作物实行4年以上的轮作；避免使用病株做母株，定植切忌过深，合理密植；发现病株应及时拔除，集中进行烧毁或深埋；增施有机肥、发酵肥；定植后浇一次小水，防止水淹；保护地栽培要适时适量放风，合理灌溉，浇水宜安排在上午，浇水后迅速放风降湿。

② 药剂防控 草莓显蕾时开始喷淋10%立枯灵悬浮剂300倍液，或10%多抗霉素可湿性粉剂500～1000倍液，或2.5%咯菌腈（适乐时）悬浮剂1500倍液，或40%信生可湿性粉剂5000倍液，或98%恶霉灵可湿性粉剂1500倍液，或50%和瑞水分散粒剂1500倍液淋喷或淋灌植株。7d左右喷1次，共喷2～3次。棚室中防治，可以采用百菌清烟剂熏蒸的方法，每亩用药110～180g，分放5～6处，傍晚点燃密闭棚室，过夜熏蒸，7d熏1次，连熏2～3次。

褐色轮斑病

（1）症状　草莓褐色轮斑病主要危害叶片，果梗、叶柄、匍匐茎，果实也受危害。受害叶片最初出现红褐色小点（图5-35），逐渐扩大呈圆形或近椭圆形斑块，中央为褐色圆斑，圆斑外为紫褐色，最外缘为紫红色，病健交界明显（图5-36）；后期病斑上形成褐色小点（病菌的分生孢子器），多成不规则轮状排列，几个病斑融合在一起时，可导致叶组织大片枯死，病斑干燥时易破碎。叶柄、果梗和匍匐茎发病后，产生黑褐色稍凹陷的病斑，病部组织变脆而易折断。浆果受害多在成熟期，病部褐色软腐，略凹陷。

在高温（25～30℃）多湿季节，病害发生严重。重茬和漫灌加重病害的发生。

图 5-35　叶片出现红褐色小点　　　　图 5-36　圆形或椭圆形病斑

（2）防控方法

① 农业防控　选用抗病品种；加强栽培管理，地膜覆盖栽培可有效减少初侵染；定植前清除病残体及病叶，集中烧毁；适量浇水，雨后及时排水。

② 药剂防控　病害有潜伏期，防治应尽早。定植前可用50%甲基硫菌灵可湿性粉剂1000倍液浸苗5min，待药液晾干后栽植。用2%农抗120水剂200倍液，或70%甲基硫菌灵可湿性粉剂500倍液，或40%多硫悬浮剂（灭病威）500倍液，25%嘧菌酯（阿密西达）悬浮剂1500倍液，或75%达克宁可湿性粉剂600倍液，或10%苯醚甲环唑（世高）水分散粒剂1500倍液，或40%信生可湿性粉剂6000倍液，或32.5%阿米妙收悬浮剂1000倍液，或65%阿米多彩悬浮剂800倍液，或50%异菌脲（扑海因）可湿性粉剂1000倍液，50%利霉康可湿性粉剂800倍液等，喷雾防治，连喷2～3次。

"V"形褐斑病

（1）症状　草莓"V"褐斑病，是草莓主要病害之一，主要危害叶片，也危害花和果实。此病在老叶上起初为紫褐色小斑，逐渐扩大成褐色不规则形病斑，周围常呈暗绿或黄绿色晕圈。在幼叶上病斑常从叶顶部开始，沿中央主叶脉向叶基呈"V"字形或"U"字形发展，形成"V"形病斑（图5-37），病斑褐色，边缘浓褐色，一般一个叶片只有1个大斑，严重时从叶顶伸达叶柄，乃至全叶枯死（图5-38）。花和果实受侵染后，花萼和花梗变褐死亡，浆果引起干性褐腐，病果坚硬，最后被菌丝所缠绕。此病与草莓褐色轮斑病的症状较难区分，草莓褐斑病多在春季低温期盛发，而草莓褐色轮斑病是高温盛夏季节的重要病害。

图5-37　形成'V'形病斑

该病属于偏低温高湿病害，春秋特别是春季多阴湿天气有利于病害的发生和传播，一般花期前后和花芽形成期是发病的高峰期。设施栽培中，偏施氮肥、苗弱、光照差条件下容易发病。

（2）防控方法

① 农业防控　栽植抗病品种，如"石莓4号"、"达赛莱克特"等；加强栽培

图5-38　全叶枯死

管理，注意植株通风透光；不要偏施速效氮肥；适度灌水，促使植株生长健壮；及时摘除病、老、枯死叶片，集中深埋或烧毁。

② 药剂防控　发病初期喷施50%甲基托布津可湿性粉剂600～800倍液，或50%多菌灵可湿性粉剂600倍液，或40%克菌丹可湿性粉剂500倍液，或75%百菌清可湿性粉剂500～700倍液，或80%代森锌可湿性粉剂500～600倍液，或50%多霉清可湿性粉剂600倍液，或50%利霉康可湿性粉剂600倍液，或25%嘧菌酯（阿米西达）悬浮剂1500倍液等喷雾防治，7～10d喷1次，连喷2～3次，农药可交替使用。

蛇眼病

（1）症状　草莓蛇眼病主要危害叶片，造成叶病斑，大多发生在老叶上。叶柄、果梗、嫩茎和浆果及种子也可受害。叶上病斑初期为暗紫红色小斑点，随后扩大成2～5mm大小的圆形病斑，边缘紫红色，中心部灰白色至灰褐色，略有细轮纹，酷似蛇眼，故叫蛇眼病或白斑病（图5-39）。病斑发生多时，常融合成大型斑。病菌侵害浆果上的种子，单粒或连片侵害，被害种子同周围果肉变成黑色，果实丧失商品价值。湿度高时，病斑表面产生白色霉层，即病菌分生孢子梗和分生孢子。发病重时，叶上病斑布满，叶片枯焦坏死。

病菌发育适温为18～22℃，低于7℃或高于23℃发育迟缓。秋季和春季光照不足，天气阴湿发病重。重茬田、管理粗放和排水不良地块发病重。品种间抗病性有明显差异。

　　　　　（a）　　　　　　　　　　　　（b）

图5-39　蛇眼病症状

（2）防控方法

① 农业防控　选用抗病品种；加强栽培管理，定植时汰除病苗，采收后及时清理田园，摘除病、老、枯死叶片，集中深埋或烧毁；多施有机肥，不单施速效氮肥；适度灌水，忌猛水漫灌。

② 药剂防治　发病初期喷淋70%代森锰锌可湿性粉剂350倍液，或47%加瑞农（春雷·王铜）可湿性粉剂500倍液，或50%敌菌灵可湿性粉剂500倍液，或30%苯噻硫氰（倍生）乳油1200倍液，或75%百菌清可湿性粉剂500倍液，80%代森锰锌（大生）可湿性粉剂600倍液，40%氟硅唑（福星）乳油5000倍液，70%甲基硫菌灵（托布津）可湿性粉剂600倍液等喷布。采收前3d停止用药。保护地栽培亩可用5%百菌清粉尘剂或5%加瑞农粉尘剂1kg喷粉防治。10d喷1次，共2～3次。

细菌性叶斑病

（1）症状　草莓细菌性叶斑病主要危害叶片，果柄、花萼、匍匐茎上也常有发生。初侵染时在叶片下表面出现水浸状红褐色不规则形病斑（图5-40），病斑扩大时受细小叶脉所限呈角形叶斑，故亦称角斑病或角状叶斑病。病斑照光呈透明状，但以反射光看时呈深绿色。病斑逐渐扩大后融合成一片，渐变淡红褐色而干枯。湿度大时叶背可见溢有菌脓，干燥条件下成一薄膜，病斑常在叶尖或叶缘处，叶片发病后常干缩破碎（图5-41）。严重时使植株生长点变黑枯死。

图5-40　红褐色不规则形病斑

发病适温25～30℃，高温多雨、连作、地势低洼、灌水过量、排水不良、人为伤口或虫伤多等均发病重。

（2）防控方法

① 农业防控　通过检疫，防止病害传播蔓延；清除枯枝病叶，集中深埋或烧毁，减少病原；减少人为伤口，及时防治虫害；加强土肥水管理，提高植株抗病能力；苗期小水勤浇，降低土温，雨后及时排水，防止土壤过湿。

图5-41　叶片发病后干缩破碎

② 药剂防控　定植前每公顷用50%福美双可湿性粉剂或40%拌种灵粉剂11.25kg，兑水150kg，拌入1500kg细土后穴施，处理土壤进行消毒。发病初期用2%农抗120水剂200倍液，或72%农用硫酸链霉素可湿性粉剂3000～4000倍液，或30%碱式硫酸铜悬浮剂500倍液，或1%新植霉素可湿性粉剂3000～5000倍液，或2%春雷霉素水剂400～500倍液，或2%武夷霉素水剂150～200倍液喷雾。隔7～10d喷1次，连续防治3～4次。采收前3d停止用药。

（二）生理性病害及防治

高温日灼

（1）症状　草莓高温日灼症是草莓生产中常见的生理病害之一。发生于中心嫩叶初展或未展时，叶缘急性干枯死亡，干死部分褐色或黑褐色（图5-42），由于叶缘细胞死亡，而其他部分细胞迅速生长，所以受害叶片多数像翻转的酒杯或汤匙（图5-43），受害叶片明显变小。发生于植株成龄叶片，受害叶片似开水烫伤状失绿、凋萎，呈茶褐色干枯，枯死斑色泽均匀，表面干净，轻时仅在叶缘锯齿部位发生（图5-44），重时可使叶片大半枯死（图5-45）。果实成熟期中午高温时，果实因直接照射到强光而很干燥，果实表面的温度上升很快，果实阳面的部分组织失水灼死，受害部位先是变白变软呈烫伤状（图5-46），后呈干瘪凹陷，呈淡褐色（图5-47），失去商品价值。

植株根系发育较差或新叶过于柔嫩，雨后暴晴，光照强烈，易发生日灼；经常喷洒赤霉素，阻碍根的发育，发病加重；施肥过量，土壤水分浓度过高，根系吸水困难导致植物体严重缺水也会发生叶灼；保护地栽培于3～4月份管理不当，棚内温度过高易产生叶灼；不同品种对高温干旱的敏感度不同，根系不发达的品种嫩叶易受害，叶片薄脆的品种成龄叶易受害，果实皮薄果肉含水量高的品种果实易受害。

图5-42　受害叶片褐色或黑褐色

图5-43　受害叶片像翻转的酒杯或汤匙

图 5-44　轻时叶缘发生茶褐色干枯

图 5-45　严重时叶片大半枯死

图 5-46　受害初期呈白色烫伤状

图 5-47　受害部位呈干瘪凹陷、淡褐色

（2）防治措施　选择对高温干旱不敏感的品种；栽健壮秧苗，在土层深厚的田块种草莓，以利根系发育，高温干旱季节之前在根际适当培土保护根系；慎用赤霉素，特别在高温干旱期要少用赤霉素；根据天气干旱情况和土壤水分含量情况适时补充土壤水分，不过量猛施肥料，施肥后要及时灌水；夏季高温季节注意遮阴防晒，减少日灼。

冻害

（1）症状　冻害的发生一般多与突然低温袭击有关。一般在秋冬和初春期间气温骤降时发生，或设施栽培室温控制不当时发生。有的叶片部分冻死干枯，有的花蕊和柱头受冻后柱头向上隆起干缩，花蕊变黑褐死亡（图5-48），幼果受冻时停止发育，变成暗红色干枯僵死（图5-49），大果受冻后发阴变褐（图5-50）。

图5-48　受冻后花蕊变黑褐色死亡

图5-49　幼果受冻变干枯僵死

图5-50　大果受冻后发阴变褐

越冬时绿色叶片在-8℃以下的低温中可大量冻死，影响花芽的形成、发育和来年的开花结果；在花蕾和开花期出现-2℃以下的低温，雌蕊和柱头即发生冻害；通常是越冬前降温过快而使叶片受冻；而早春回温过快，促使植株萌动生长和抽蕾开花，这时如果骤然降温，即使气温不低于0℃，由于温差过大，花器抗寒力极弱，使花朵不能正常发育，往往还会使花蕊受冻变黑死亡；花期出现低温，花瓣常出现红色或紫红色，严重时叶片也会受冻干卷枯死。

（2）防治措施　晚秋控制植株徒长，冬前浇冻水，越冬及时覆盖防寒物；早春不要过早去除覆盖物，在初花期于寒流来临之前要及时加盖地膜防寒或熏烟防晚霜危害；冷空气来临前园地灌水，增加土壤湿度，提高抗寒能力；或及时叶片喷施1.8%复硝酚钠水剂3000～5000倍液；保护地进行人工加温。

畸形果

（1）症状　果实过肥或过瘦，或呈鸡冠状（图5-51）、指头形（图5-52）、双头形（图5-53）、多头形（图5-54）、果面凹凸不平整（图5-55）及奇形怪状（图5-56）等形状，均称为畸形果。

品种本身育性不高、雄蕊发育不良、雌性器官育性不一致等导致授粉不完全引起畸形果；棚室内授粉昆虫少或由于阴雨低温等不良环境影响导致授粉昆虫少或花朵中花蜜和糖分含量低，不能吸引昆虫授粉；开花授粉期温度不适、光线不足、湿度过大或土壤过干等导致花器发育受到影响或花粉稔性下降，花粉开裂和花粉发芽受到影响，遮光和短日照也会使不稔花粉缓慢增加出现受精障碍；花期使用杀螨剂等药剂致雌蕊褐变，影响正常授粉；氮肥施用过量，缺硼，植株营养生长与生殖生长失调等均能导致畸形果。

（2）防治措施　选育花粉量多、耐低温、畸形果少、育性高的品种，如"甜查理"、"石莓6号"、"石莓7号"等；改善栽培管理条件，排除花器发育受到障碍的因素，特别是保护地调控适宜的温湿度，提高花粉的稔性，减少畸形果发生；花期放蜂加强昆虫授粉，是防止畸形果发生的有效措施；防治白粉病等病虫害的药剂应在开花6h受精结束以后再喷洒，有利于防止草莓产生畸形果；多施有机肥，适量磷、钾肥，少施氮肥，适当补充硼肥；施肥后要及时浇水保持土壤湿润，田间最大持水量保持在70%～80%，防止土壤干旱；中耕时要防止伤根，保持土壤疏松，创造良好的根际环境。

图 5-51　鸡冠形果

图 5-52　指头果

图 5-53　双头果

图 5-54　多头果

图 5-55　果面凹凸不平

图 5-56　乱形果

生理性白化叶

（1）症状　草莓生理性白化叶也被称作六月黄、短暂黄、条纹黄、严重条纹、白条纹和杂纹，是一种世界范围内发生的且逐渐恶化的病害。感病株叶片上出现不规则、大小不等的白色斑纹或斑块（图5-57），白斑或白纹部分包括叶脉完全失绿，但细胞完全存活。感病的叶片和花蕾、萼片都表现出失绿（图5-58）。重病株矮小，叶片光合能力下降或基本丧失，越冬期间极易死亡。

据最新研究，草莓生理性白化叶不会由嫁接、机械伤或者昆虫携带的植株汁液传播到健康植株，而会由父系或母系传播到后代实生苗。有证据显示，草莓生理性白化叶是一种非传染性的基因起源病症，但是仍无法确定它的遗传机制。研究还发现了受感染植株的叶绿体和细胞质膜的严重破裂，并且破裂程度会随着病症的严重程度而增加。

（2）防治方法　发现病株立即拔除，不能作母株繁苗使用，不栽病苗，选用抗病品种。

图5-57　病叶片出现白色斑纹或斑块

图5-58　感病叶片和萼片退绿

激素药害

（1）症状　草莓设施栽培中有的喷赤霉素过量致使叶柄特别是花茎徒长，从而花小、果小（图5-59），严重影响产量。喷施三唑类药物如多效唑过量致使植株过于矮化、紧缩（图5-60）等。

赤霉素可促进植物细胞分裂和伸长，发挥顶端优势，浓度过高或用药量过多，就会使植株旺长，叶柄和花序梗生长过长，把有限的营养过多地用以植株伸长生长，限制了果实的生长造成长穗小果，从而造成严重减产。多效唑是一种植物生长暂时性延缓剂，可抑制植物体内赤霉素的合成，控制茎秆伸长，抑制顶芽生长，促进侧芽萌发和花芽的形成，增加花蕾数，提高坐果率，改善果实品质，提高抗寒力，但使用超过500mL/L，因抑制作用太强，植株矮缩，会造成减产。

图5-59　花茎徒长、花小及果小　　　　　　　　图5-60　植株矮化、紧缩

（2）防治方法　严格掌握激素的使用适期、使用浓度、用药量和使用次数。赤霉素原粉难溶于水，使用时先用少量95%乙醇溶解后加水稀释，水溶液易失效，现配现用。不可与碱性农药和肥料混用。

肥害

（1）症状　大棚栽培常见的肥害有气肥害和根肥害两种。气肥害：草莓植株的地下部根系生长完好，地上部叶片受害，一般自地膜挖出植株孔洞旁的老叶开始，自下而上遭害，叶片常先失水、萎蔫后干枯，病健交界明显。重时整个棚的草莓植株叶片干枯，似火烧一样，走进棚内，就能闻到氨等有毒气味。根肥害：地下部受害后，根由白色转为黄色至黄褐色，后自根尖开始腐烂，失去吸肥吸水能力。地上部主要表现在幼嫩的心叶上，叶边缘先开始产生水渍状变色，后呈黑褐色至枯焦，病健交界明显（图5-61）。

图5-61 根施肥害症状

（2）防治方法 控制基肥、追肥用量，切忌一次用肥过多，尤其是化学氮肥；畜禽粪等有机肥，必须充分腐熟后使用；基肥使用时间应在草莓移栽前15～20d进行，大雨过后或天旱灌水后栽植；若覆盖地膜需追肥，应在覆盖地膜前7～10d进行，同时必须冲水浇施，使肥料充分分解；发现草莓植株有气肥害发生，视为害程度可揭掉地膜，排除草莓株行间的氨等有害气体，同时还需做好揭开大棚膜进行通风换气等工作；对根肥害的草莓地，早期受害重的可翻耕后重新种植，受害轻的应停止施肥，尽可能推迟大棚膜和覆盖地膜时间，通过下雨时雨水冲洗或灌水冲洗土壤，降低盐类浓度，减轻危害。

除草剂危害

（1）症状 除草剂种类繁多，在施用过程中如果种类选择不当，施用浓度不合适或重复喷药等都会产生药害。例如，草莓园施用西马津、阿特拉津等三氮苯类除草剂能引起草莓药害，前茬施用药害主要表现为草莓叶片黄化、上卷或扭曲（图5-62），重时叶片呈灼烧状枯萎。部分除草剂引起药害后使草莓成龄叶片黑绿，并出现黑褐色点或片，叶片变得干、硬、脆，幼叶尖部黑褐失绿，严重影响生长发育（图5-63）。

（2）防治措施 草莓与其他作物间、套、轮作时，施用的除草剂必须对草莓无害。为了保护草莓不受除草剂的伤害，通常采用吸附物质，如先在草莓根部裹一层活性炭，然后再栽种到已施过除草剂的土壤中，或者草莓栽植后不久，在出芽前，先在草莓行带上施活性炭，再施用土壤除草剂。施用充分腐熟的农家肥也有类似效果。

图5-62　前茬除草剂危害状　　　　　　　　　图5-63　喷施除草剂危害状

 **缺氮症**

（1）症状　氮对植物的生长、发育、产量、品质有重要影响。缺氮症状通常先从老叶开始，逐渐扩展到幼叶。一般刚开始缺氮时，特别在生长盛期，成龄叶子逐渐由绿向淡绿色转变（图5-64），随着缺氮的加重，叶片变为黄色（图5-65），局部枯焦。幼叶或未成熟的叶子，随着缺氮程度的加剧，叶片反而更绿，但叶片细小、直立。老叶的叶柄和花萼则呈微红色，叶色较淡或呈现锯齿状亮红色。果实常因缺氮而变小。根系色白而细长，须根量少，后期根停止生长，呈现褐色。轻微缺氮时田间往往看不出来，并能自然恢复。土壤瘠薄，且没有正常施肥易表现缺氮。管理粗放，杂草丛生时，常缺氮。

（2）矫治方法　施足底肥，以满足草莓生长发育的需要；发现缺氮，每亩可土施硝酸铵11.5kg，施后立即灌水，效果明显，也可在开花前喷0.3%～0.5%尿素1～2次；深施氮肥，肥效持久，可防止氮肥损失，克服表施氮肥造成前期徒长、后期缺肥早衰的缺点；氮肥和其他肥料配合使用，提高土壤氮素肥力，保证高产稳产。

图 5-64　开始缺氮时的症状

图 5-65　缺氮严重时的症状

缺磷症

（1）症状　磷对植物体内的生理功能起很大作用，如果没有磷，植物的全部代谢活动都不能正常进行。草莓缺磷时，植株生长弱，发育缓慢，叶色带青铜暗绿色。缺磷的最初表现为叶子深绿，比正常叶小，缺磷加重时，有些品种的上部叶片外观呈黑色，具光泽，下部叶片的特征为淡红色至紫色（图5-66），近叶缘的叶面上呈现紫褐色的斑点。较老叶龄的上部叶片也有这种特征。缺磷植株的花和果比正常植株要小，有的果实偶尔有白化现象。根部生长正常，但根量少，颜色较深。缺磷草莓植株的顶端受阻，明显比根部发育慢。草莓缺磷主要是土壤中含磷量少，如果土壤中含钙量多或酸度高时，磷素被固定，不易被吸收。在疏松的沙土或有机质多的土壤上也易发生缺磷现象。

图 5-66　下部叶片为淡红色至紫色

（2）矫治方法　在草莓栽植时每亩施过磷酸钙100kg，随农家肥一起施；植株开始出现缺磷症状时，每亩喷施1%～3%的过磷酸钙澄清液50kg，或叶面喷布0.3%磷酸二氢钾2～3次。

缺钾症

图 5-67 叶片边缘出现黑色、褐色干枯

图 5-68 叶片严重时发展为灼伤状

图 5-69 叶柄凋萎

（1）症状 钾在光合作用中占重要地位，淀粉的形成、草莓新器官的形成都需要钾素存在。适度钾肥有促进果实膨大和成熟、改善品质以及提高抗旱、抗寒、抗高温和抗病虫害的能力。草莓开始缺钾的症状常发生在新成熟的上部叶片，叶边缘出现黑色、褐色和干枯（图5-67），继而发展为灼伤状（图5-68），还可在大多数叶片的叶脉之间向中心发展危害，叶子产生褐色小斑点，几乎同时从叶片到叶柄发暗或干枯坏死，这是草莓特有的缺钾症状。草莓缺钾，较老的叶子受害重，较幼的叶子不显示症状，这说明钾素可由较老叶子向幼嫩叶子转移，所以新叶钾素常充足，不表现缺钾症状。光照会加重叶子灼伤，所以缺钾易与"日烧"相混淆。灼伤的叶片其叶柄常发展成浅棕色到暗棕色，有轻度损害，以后逐渐凋萎（图5-69）。缺钾草莓的果实颜色浅，质地柔软，没有味道。根系一般正常，但颜色暗。轻度缺钾可自然恢复。一般在黏土地和沙壤土容易发生缺钾；过多施入氮、磷肥，导致植株缺钾症的发生；土壤中钙、镁元素含量过高，可抑制钾元素的吸收；温度低、光照差的环境条件下，也降低根系对钾的吸收能力；过度密植等可造成植株缺钾。

（2）矫治方法 施用充足的堆肥或厩肥等有机肥料可减轻缺钾现象；严重缺钾土壤，增施硫酸钾和氯化钾复合肥，每亩施硫酸钾6.5kg左右；草莓出现缺钾症状时，可叶面喷布0.3%磷酸二氢钾2～3次。

缺钙症

（1）症状　钙对果实生理功能起着重要作用。它是细胞膜和液泡膜的黏结剂，可维持细胞的正常分裂，使细胞膜保持稳定。草莓对钙的吸收量仅少于钾和氮，以果实中含钙量较高。钙在植物体内流动性很小，不能被再利用。缺钙使根系停止生长，根毛不能形成，果实贮藏寿命缩短，品质降低，并引起一系列生理病害。草莓缺钙最典型的是叶焦病、硬果、根尖生长受阻和生长点受害。叶焦病在叶子加速生长期频繁出现，其特征

图5-70　叶片顶部干枯变褐黑并皱缩

是叶片皱缩，出现皱纹，叶片顶部干枯变成黑色（图5-70）。干枯部位有淡绿色或淡黄色的界限，叶子褪绿，在病叶叶柄的棕色斑点上还会流出糖浆状水珠，大约在下面花茎1/3的距离也会出现类似症状。缺钙多在现蕾期发生，幼嫩小叶及花萼尖端黑褐色干枯（图5-71）。缺钙浆果表面有密集的种子覆盖，未膨大的果实上种子可布满整个果面，果实组织变硬、味酸。缺钙草莓的根短粗、色暗，以后呈淡黑色。在较老叶片上的症状表现为叶色由浅绿到黄色，逐渐发生褐变、干枯。

（a）

（b）

图5-71　小叶及花萼变黑褐色干枯

土壤干燥，土壤盐类浓度过高，氮肥、钾肥使用过量，阻碍植株对钙的吸收；酸性土壤，或年降水量多的沙质土壤容易发生缺钙现象；不同品种对缺钙敏感性不同。

（2）矫治方法　选用对缺钙不敏感的品种，如日本优良品种发病较少，欧美品种如"甜查理"等发病较多；因土壤偏酸缺钙时，最好在栽植前向土壤增施石膏，视缺钙程度而定使用量大小，一般每亩施用量为52.5kg。石膏如作追肥施用时应减少用量；田间出现症状时，叶面喷施0.3%氯化钙水溶液，可减轻缺钙现象；应及时浇水，保证水分供应，防止土壤干旱。

缺铁症

图5-72　缺铁症状

（1）症状　铁是许多重要酶的辅基成分，能提高某些酶的活性，并且在呼吸作用中铁起电子传递的作用。铁虽不是叶绿素的组成成分，但与叶绿素的形成密切相关。铁在植株体内是不易移动的元素，因此，缺铁首先表现在植株的顶端幼嫩组织，缺铁的最初症状是幼龄叶片黄化或失绿，但这还不能肯定是缺铁，当黄化程度发展并进而变白，发白的叶片组织出现褐色污斑时，则可断定为缺铁（图5-72）。草莓中度缺铁时，叶脉（包括小的叶脉）为绿色，叶脉间为黄白色。叶脉转绿复原现象可作为缺铁的特征。严重缺铁新成熟的小叶变白，叶子边缘坏死，或者小叶黄化（仅叶脉绿色），叶子边缘和叶脉间变褐坏死。缺铁草莓植株的根系生长弱，严重缺铁时草莓单果重减小、产量降低。碱性土壤或酸性强的土壤易缺铁；土壤过干旱、过湿，影响根的活力，也易出现缺铁现象。

（2）矫治方法　防止缺铁可在栽植草莓时土施硫酸亚铁或螯合铁，也可在刚出现缺铁症状时追施，每米长栽植行施用量为1～2g。或用0.1%～0.5%硫酸亚铁水溶液叶面喷洒；不在盐碱地栽植草莓，如需栽植，土壤pH调节到6～6.5较适宜，这时不应再施用大量的碱性肥料，若土壤为强碱性，可每亩施硫酸粉13～20kg；深耕土壤，适时灌水，保持土壤湿润，并注意雨后及时排水。

缺锌症

（1）症状　锌与叶绿素和生长素的形成密切相关。锌也是某些酶的组成成分，如谷氨酸脱氢酶等。成熟叶子进行光合作用与合成叶绿素都需要有一定的锌。轻微缺锌的草莓植株一般不表现症状。缺锌加重时，较老叶片会出现变窄，特别是基部叶片，缺锌越重窄叶部分越伸长，但缺锌不发生坏死现象，这是缺锌的特有症状（图5-73）。缺锌植株在叶龄大的叶片上往往出现叶脉和叶子表面组织发红的症状。严重缺锌时新叶黄化，但叶脉仍保持绿色或微红，叶片边缘有明显的黄色或淡绿色的锯齿形边（图5-74）。缺锌植株纤维状根多且较长。果实一般发育正常，但结果量少，果个变小。在沙质土壤或盐碱地上栽植的草莓易发生缺锌现象；被淋洗的酸性土壤、地下水位高的土壤和土层坚硬，有硬盘层的土壤易缺锌；含磷量高或大量施氮肥使土壤变碱，易缺锌；土壤中有机物和土壤水分过少，易缺锌；土壤中铜、镍等元素不平衡也易导致缺锌。

图5-73　缺锌叶片窄长

图5-74　缺锌叶片黄化、变窄

（2）矫治方法　增施有机肥，改良土壤；叶面喷布0.1%的硫酸锌溶液，但要慎用，避免药害。

缺硼症

（1）症状　硼虽不是植物体内的结构成分，但对碳水化合物的运转及生殖器官的发育都有重要作用。草莓早期缺硼的症状表现为幼龄叶片，受害植株的叶片出现不对称（图5-75），皱缩和叶片边缘黄色、焦枯（图5-76），生长点受伤害；根系短粗、色暗（图5-77）。随着缺硼的加剧，老叶的叶脉间有的失绿，有的叶片向上卷。缺硼植株的花小，授粉和结果率降低，果小，果实畸形，或呈瘤状（图5-78）。种子多，有的果顶与萼片之间露出白色果肉，果实品质差，严重影响产量。土壤干旱时及土壤缺硼，易发生缺硼症。华南花岗岩发育的红壤和北方含石灰的碱性土易缺硼。

（2）矫治方法　适时浇水，提高土壤可溶性硼含量，以利植株吸收；缺硼的草莓可叶面喷施硼肥，一般用0.15%的硼砂溶液叶面喷洒，由于草莓对过量硼比较敏感，所以花期喷施时浓度应适当减小；严重缺硼的土壤，应在草莓栽植前后土施硼肥，每米长栽植行施1g硼肥即可。

图 5-75　缺硼叶片不对称

图 5-76　缺硼叶边焦枯

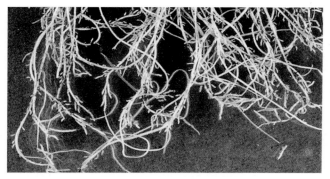

图5-77　缺硼根系短粗、色暗

（a）　　　　　　　　　　　　　（b）

图5-78　缺硼果实呈瘤状

二、草莓主要虫害及防治

（一）地上主要虫害及防治

蚜虫

（1）危害特点　危害草莓的蚜虫主要是棉蚜、桃蚜及草莓根蚜等。蚜虫大多群居于草莓幼叶叶柄、叶背、嫩心、花序和花蕾上活动。蚜虫为刺吸式口器，取食时将口器刺入植物组织内吸食，吸食后使嫩芽萎缩，嫩叶卷缩、扭曲变形，不能正常展叶，造成植株生长衰弱，严重时植株停止生长，甚至全株萎蔫枯死（图5-79）。蚜虫分泌蜜露污染叶片导致煤污病的发生（图5-80），蚂蚁则以其蜜露为食，故植株附近蚂蚁较多时，说明蚜虫开始为害。蚜虫是一些病毒的传播者，只要吸食过感染病毒的植株，再迁飞到无病毒植株上吸食，即可将病毒传播到另一植株上，使病毒扩散，造成严重危害。

图5-79 桃蚜危害

图5-80 煤污病的症状

图5-81 悬挂黄板

（2）防控措施 尽量避免连作，实行轮作；清除田间杂物和杂草，并及时摘除被害叶片进行深埋，减少虫源；保护利用天敌，主要天敌有七星瓢虫、蚜蝇、草青蛉等，当蚜虫不是很多，而天敌有一定数量时，不要使用农药，以免伤害天敌；利用成虫对黄色有较强的趋性，在成虫发生期，可挂置黄板诱捕成虫（图5-81），黄色粘虫板从苗期和定植期起使用，保持不间断使用可有效控制蚜虫发展，每亩悬挂24cm×30cm黄板20块，一般要求黄板下端高于作物顶部20cm为宜；在草莓开花前喷药1～2次，可选用25%噻虫嗪（阿克泰）水分散粒剂4000～6000倍液，或1%印楝素水剂800倍液，或48%毒死蜱（乐斯本）乳油3000倍液，或10%吡虫啉可湿性粉剂1000～2000倍液，或10%氯氰菊酯乳油3000～4000倍液等。一般采果前15d停止用药，各种药剂应交替使用，以免产生耐药性。

螨类

（1）危害特点　危害草莓的螨类有多种，主要的有二斑叶螨和朱砂叶螨两种。叶螨以成虫、若虫群集于叶背面，吐丝结网（图5-82），并以口器刺吸草莓茎叶的汁液，被害初期叶正面有大量针尖大小失绿的黄褐色小点，后期转紫红褐色，叶片从下往上大量失绿卷缩，严重时叶片呈铁锈色，植株如火烧状，矮化（图5-83）。

（2）防控措施　及时摘除越冬的病老残叶，清理田园，减少叶螨寄生植物；释放天敌如草蛉等捕杀叶螨；当叶螨在田间普遍发生，天敌不能有效控制时，应选用对天敌杀伤力小的选择性杀螨剂进行普治，注意减少化学农药用量，防止杀伤叶螨的天敌；在早春数量少，气温较低，宜选择不受气温影响的卵、螨兼治型持效期较长的杀螨剂，如5%噻螨酮乳油1500倍液，或20%四螨嗪（螨死净）可湿性粉剂2000倍液等，这种药剂持效期长，虽不杀成螨，可使着药的成螨产的卵不孵化；当叶螨数量多时，可使用1.8%阿维菌素乳油6000～8000倍液，或73%克螨特乳油2000～3000倍液等，阿维菌素速效性好，但持效期较短，一般在喷药后2周需再喷1次。采果前15d停止用药，并注意经常更换农药品种防止产生耐药性。在温室草莓现蕾或开花后发现螨类，可用30%虫螨净烟熏剂进行熏蒸防治。

图5-82　吐丝结网危害

图5-83　植株如火烧状、矮化

金龟子

（1）危害特点　危害草莓的金龟子种类很多，主要有苹毛丽金龟（图5-84）、小青花金龟、黑绒金龟（图5-85）等。主要在春季危害嫩叶、嫩芽、花蕾和花器等。

图5-84　苹毛丽金龟成虫

（2）防控措施　不施用未腐熟的有机肥；结合秋施肥进行秋深翻，人工捡拾或用鸡鸭啄食蛴螬（金龟子幼虫）；合理灌水，对计划栽草莓的地块进行秋灌，可有效地减少土壤中蛴螬的发生数量；保护利用土蜂、胡蜂、步行虫、白僵菌、青蛙等金龟子天敌；利用成虫具有较强的趋光性，喜食嫩芽、嫩叶和假死性，可利用杨、柳、榆嫩芽枝条蘸上80%敌百虫100倍液分插草莓田诱杀、利用黑光灯诱杀、人工捕杀；可选用50%辛硫磷乳油或25%喹硫磷乳油1000倍液喷雾或灌杀；利用成虫入土习性，可在草莓植株周围撒施5%辛硫磷颗粒剂灭杀。

（a）

（b）

图5-85　黑绒金龟咬食叶片及花

蝽类

（1）危害特点　危害草莓的常见蝽类有茶翅蝽（图5-86）、麻皮蝽（图5-87）、苜蓿盲蝽等，蝽类昆虫有臭腺孔，能分泌臭液，在空气中形成臭气，所以又有臭板虫、臭大姐及放屁虫等俗名。蝽类多以针状口器刺吸草莓叶、叶柄、花蕾、花及果实汁液，造成死蕾、死花，果实生长局部受阻引起畸形果或腐烂。

（2）防控措施　成虫越冬期进行人工捕捉，或清除枯枝落叶和杂草，集中烧毁，可消灭越冬成虫；结合田间管理，摘除卵块和捕杀初孵群集若虫，并注意在其他危害较重的寄主上同时防治；在越冬成虫出蛰结束和低龄若虫期喷80%敌百虫可溶性粉剂或50%辛硫磷乳油1000倍液，或2.5%敌杀死乳油，或2.5%高效氯氟氰菊酯（功夫）乳油，20%甲氰菊酯（灭扫利）乳油3000倍液等，均有较好的防效。

图5-86　茶翅蝽

图5-87　麻皮蝽

大造桥虫

（1）危害特点　大造桥虫行动和静止时身体中间常拱起，作桥状（图5-88），故称造桥虫。因虫体中间缺1对足，故以丈量和屈伸的样子步态移动，又称尺蠖和步曲。在草莓上主要食害叶片，初孵幼虫剥食正面叶肉，2龄后即吃成缺刻和孔洞（图5-89），中老龄幼虫可将全叶吃光，严重时仅剩主脉，也可食害蕾、花和幼果。

图 5-88　大造桥幼虫

图 5-89　幼虫啃食叶片

（2）防控措施　保护利用悬茧姬蜂、蜘蛛、寄生蝇、食虫蝽、鸟类等天敌捕食；实行冬耕灭蛹，减少越冬虫源；用黑光灯或高压汞灯诱杀成虫；选用90%晶体敌百虫1000倍液，或25%亚胺硫磷乳油3000倍液，或20%杀灭菊酯乳油1000 ～ 2000倍液喷雾防治。

小家蚁

（1）危害特点　小家蚁（图5-90）主要取食草莓成熟的浆果，起初取食形成较小洞眼，随取食量的增加成为大洞坑，最后全果食光（图5-91）。

图 5-90　小家蚁成虫

图 5-91　小家蚁咬食果实

（2）防控措施　与水稻轮作，适时灌水，可抑制蚁害；适时早采成熟浆果，可明显减轻蚁害；发现蚂蚁危害后，定期投放蚂蚁饵进行诱杀，如将灭蚁清药粉每包分成3～4份放置在蚂蚁经过的地方，蚂蚁吃后2～3d就会互相传染以致全巢死亡，每包5g，每克可放4～5m²的面积，蚂蚁多酌情多放一些，每小包可消灭1～2个蚁巢；或用40%乐果乳油400倍液或50%辛硫磷1000倍液灌蚁穴防蚁。

蛞蝓

（1）危害特点　蛞蝓主要有野蛞蝓（图5-92）、黄蛞蝓（图5-93）和网纹蛞蝓蝓（图5-94），为陆生软体动物，像没有壳的蜗牛，常在农田、菜窖、温室、草丛及住室附近的下水道等阴暗潮湿多腐殖质的地方生活。保护地草莓栽培，由于温湿度适宜，利于该虫生存并大量繁殖。一般白天潜伏，晚上咬食草莓的幼芽、花蕾、花梗、嫩叶和果实等部位。咬食草莓果实后，常造成果实上有孔洞，影响商品价值。蛞蝓能分泌一种黏液，干后呈银白色，因此凡被该虫爬过的果实，即使未被咬食，果面留有黏液，商品价值也大大降低。

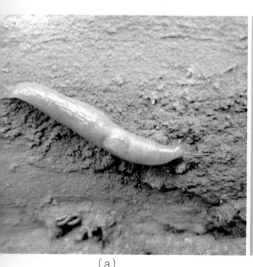

(a)

(b)

图5-92　野蛞蝓

图 5-93　黄蛞蝓

图 5-94　网纹蛞蝓

（2）防控措施　清除地边田间及周边杂草、石块和杂物等可供蛞蝓栖息的场所；排干积水，耕翻晒地，降低土壤湿度，防止过度潮湿，恶化蛞蝓的栖息场所；制造不利于蛞蝓发生的栽培条件；除草松土，使部分卵块暴露于日光下晒裂或被天敌啄食；利用其在浇水后、雨后、清晨、晚间、阴天爬出取食活动的习性，人工捕捉；可于傍晚堆草或撒菜叶作诱饵诱杀，翌晨揭开草堆或菜叶捕杀；苗床或草莓行间于傍晚撒石灰或在危害区地面撒草木灰，阻止蛞蝓到畦面危害叶片，这样蛞蝓爬过后粘有石灰或草木灰就会失水而死亡；可用40%蛞蝓敌浓水剂100倍液，或10%硫特普加等量50%辛硫磷兑成500倍液，或用灭蛭灵800～1000倍液等药剂喷雾，或6%密达颗粒剂防治。

蜗牛

（1）危害特点　蜗牛体外贝壳质厚、坚实、呈扁球形螺壳。同型巴蜗牛分布广泛。以成体、幼体取食植物叶茎和果实，造成孔洞或缺刻（图5-95）。苗床种子萌发期和子叶期被害，会造成毁种缺苗。

（2）防控措施　草莓田覆盖地膜栽培可明显减轻蜗牛危害；清洁田园，及时铲除田间、圩埂、沟边杂草，开沟降湿，中耕翻土，以恶化蜗牛生长、繁殖的环境；消灭成蜗，春末夏初，尤其在5～6月份蜗牛繁殖高峰期之前，在未用农药时及时放养鸡鸭取食成蜗，或田间作业时见蜗拾蜗，或以杂草、树叶、菜等诱集后拾除等；每亩用生石灰5～7kg，于危害期撒施于沟边、地头或草莓行间，以驱避虫体，以防危害幼苗；用多聚甲醛300g，蔗糖50g，

5%砷酸钙300g和米糠400g（先在锅内炒香），拌和成黄豆大小的颗粒，或每亩用6%密达杀螺粒剂0.5～0.6kg或3%灭蜗灵颗粒剂1.5～3.0kg，拌干细土10～15kg，均匀撒施于田间，蜗牛喜欢栖息的沟边、湿地适当重施，以最大限度减轻蜗牛危害。

（a） （b）

图5-95 蜗牛危害叶片及果实

（二）地下主要虫害及防治

蝼蛄

（1）危害特点 蝼蛄是一种重要的地下害虫，在我国主要有非洲蝼蛄和华北蝼蛄。蝼蛄食性很杂，以成虫（图5-96）、若虫（图5-97）咬断草莓幼根和嫩茎，造成死秧缺苗，咬断的部分呈乱麻状。由于蝼蛄的活动将表土层窜成许多隧道，使苗根脱离土壤，致使幼苗因失水而枯死（图5-98），严重时造成缺苗断垄。在温室，由于气温高，蝼蛄活动早，加之幼苗集中，受害更重。

（2）防控措施 施用充分腐熟的粪肥，减少产卵，可减轻危害；于蝼蛄发生期，在田间堆新鲜马粪堆，并在堆内放少量农药，招引蝼蛄，将其杀死；蝼蛄危害期，在田边利用电灯、黑光灯诱杀成虫，减少田间虫口密度；用50%乐果乳油或90%晶体敌百虫，拌碾碎并炒香的豆饼，每亩用药0.1kg，加适量水，拌饵料2.0～2.5kg，于傍晚施于苗穴中；或用50%乐果乳油0.1kg，兑水5kg，拌麦麸30.0～50.0kg，撒于田间，防治效果也很理想；或用25%地虫灵微胶囊悬浮剂拌毒土，药：水：土为1：15：150，每亩施毒土15kg，于成虫盛发期顺垄撒施。

图5-96 蝼蛄成虫

图5-97 蝼蛄若虫

图5-98 植株危害状

蛴螬

（1）危害特点 蛴螬是金龟子的幼虫，俗称地蚕，成虫通称为金龟甲或金龟子。我国危害草莓的主要有华北大黑鳃金龟、暗黑鳃金龟等多种金龟甲的幼虫。金龟子成虫和幼虫均可危害草莓。成虫主要危害草莓叶片，一般发生较轻，幼虫（蛴螬）（图5-99）在地下取食根茎（图5-100），轻者损伤根系，生长衰弱，严重的引起植株枯死（图5-101）。

图5-99　蛴螬

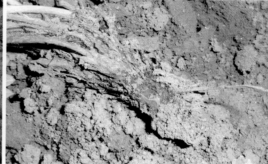

图5-100　蛴螬咬根

图5-100　咬根茎后植株症状

（2）防控措施　不选马铃薯、甘薯、花生、韭菜等前茬栽植草莓，这些地块蛴螬危害严重；对下年计划栽培草莓的地块，结合秋施肥进行秋深翻，对翻出的蛴螬，人工拾拾；不施用未腐熟的有机肥；对计划栽草莓的地块进行秋灌，可有效减少土壤中蛴螬的发生数量；可设置黑光灯诱杀成虫，减少蛴螬的发生数量；利用茶色食虫虻、金龟子黑土蜂、白僵菌等进行生物防治；用5%辛硫磷颗粒剂，每亩用药2.5～3.0kg，拌细土25.0～30.0kg制成毒土，顺垄撒施，浅锄覆土，对蛴螬、金针虫和蝼蛄等地下害虫，有较好防效；或用40%乐果乳油800倍液、25%增效喹硫磷乳油1000倍液、97%敌百虫可溶性粉剂1000倍液灌根，毒杀幼虫。

地老虎

（1）危害特点　我国常见的有小地老虎、黄地老虎和大地老虎，其中以小地老虎和黄地老虎分布普遍。主要以幼虫危害草莓近地面茎顶端的嫩心、嫩叶柄、幼叶及幼嫩花序和成熟浆果。被害叶片呈半透明的白斑或小孔（图5-102），3龄以后幼虫白天潜伏在表土中，傍晚和夜间出来危害，常咬断根状茎，使整株萎蔫死亡，或食叶片和果实，将果实食空（图5-103）。早晨检查，扒开被害株附近的土壤，可找到其幼虫。

图 5-102　小地老虎危害叶片　　　　　　　　　图 5-103　小地老虎危害果实

（2）防控措施　秋耕冬灌，栽苗前认真翻地、整地，杂草是地老虎产卵的场所，也是幼虫向作物转移危害的桥梁，因此，定植进行精耕细作，或在初龄幼虫期铲除杂草，可消灭部分虫、卵；用糖、醋、酒诱杀液或甘薯、胡萝卜等发酵液诱杀成虫；用泡桐叶或莴苣叶诱捕幼虫，于每日清晨到田间捕捉；对高龄幼虫也可在清晨到田间检查，如果发现有断苗，拨开附近的土块，进行捕杀；幼虫3龄前用喷雾、喷粉或撒毒土进行防治，喷雾防治每公顷可选用2.5%溴氰菊酯乳油、40%氯氰菊酯乳油300～450mL，或90%晶体敌百虫750g，兑水750L喷雾；3龄后，田间出现断苗，可用毒土、毒饵或毒草诱杀，毒土或毒沙选用2.5%溴氰菊酯乳油90～100mL，或50%辛硫磷乳油或40%甲基异柳磷乳油500mL加水适量，喷拌细土50kg配成毒土，每公顷用300～375kg顺垄撒施于幼苗根际附近；毒饵诱杀可选用90%晶体敌百虫0.5kg或50%辛硫磷乳油500mL，加水2.5～5L，喷在50kg碾碎炒香的棉籽饼、豆饼或麦麸上，于傍晚在受害草莓行间每隔一定距离撒一小堆，或在草莓根际附近围施，每公顷用75kg；毒草可用90%晶体敌百虫0.5kg，拌铡碎的鲜草75～100kg，每公顷用225～300kg。

金针虫

（1）危害特点　危害草莓的金针虫主要有沟金针虫和细胸金针虫。在草莓生长期，金针虫先潜伏在草莓穴的有机肥内，后钻入草莓苗根部或根茎部近地表蛀食，使草莓苗地上部分萎蔫死亡，一般受害植株主根很少被咬断，被害部位不整齐，呈丝状，这是金针虫危害后造成的显著特征之一。果实成熟期，金针虫还能蛀入果实造成深洞伤口（图5-104），有利于病原菌的侵入而引起腐烂。

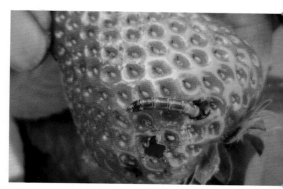

图5-104　金针虫危害果实

（2）防控措施　合理轮作，做好翻耕暴晒，减少越冬虫源；加强田间管理，清除田间杂草，减少食物来源；利用金针虫的趋光性，在开始盛发和盛发期间在田间地头设置黑灯光，诱杀成虫，减少田间卵量；在田间堆积10～15cm的新鲜但略萎蔫的杂草，引诱成虫，诱捕后喷施50%乐果1000倍等药剂进行毒杀；结合翻耕整地用药剂处理土壤，用50%辛硫磷乳油75mL拌细土2～3kg撒施，施药后浅锄；用90%敌百虫800倍液浇灌植株周围土壤进行防治；定植时每亩用5%辛硫磷颗粒剂1.5～2.0kg拌细干土100kg撒施在定植沟（穴）中；用50%丙溴磷乳油1000倍液，或25%亚胺硫磷乳油800倍液，或48%乐斯本乳油1000～2000倍液等药剂灌根防治。

三、草莓草害及防除

（一）杂草的危害

杂草对草莓的干扰作用有两种：一种是竞争作用；另一种是化感作用。竞争作用是指杂草争夺草莓生长环境中的水分、矿质营养及光照等有限的生长资源；化感作用是指通过其根茎叶向环境中分泌、分解或挥发特定的化合物来相互影响对方的生长发育。草莓园基肥施用量大，特别是施用牛粪等厩肥带有大量草籽，再加上灌水频繁，所以杂草发生量特大。草害可使草莓产量损失15%以上，同时杂草丛生还是病菌和害虫滋生的场所。北方草莓园全年除草用工每公顷高达450个以上。草莓植株低矮，栽植密度大，匍匐茎四处伸长，除草困难，畦内除草有时只能人工拔除，劳动强度较大。除治杂草危害已成为草莓生产上的重要问题，特别是多年一栽制草莓园问题更加严重。

（二）杂草的防除措施

由于各地条件不同，除草方法不能采用一个模式，要因地制宜，综合防治。

1. 人工除草

露地草莓生产中，人工除草（图5-105）必不可少，经常进行可以保持草莓园清洁。除草与中耕松土保墒同时进行。草莓年生长周期中，有三个时期应进行松土除草。一是栽植后至越冬前，草莓定植后及时除草保墒有利于缓苗和

图5-105　人工除草

植株的健壮生长以及后期的花芽分化；二是翌年春草莓开始生长至果实成熟前，以保墒和提高地温为目的进行中耕松土或施肥灌水后浅耕锄地，对草莓的产量和质量至关重要；三是草莓采果后，这一时期气温已升高，草莓和杂草都进入旺盛生长期，是防治杂草的关键时期，及时除草以防草荒。

2. 耕翻土壤

在草莓定植前，进行土壤耕翻，多用机器操作（图5-106），可以有效控制杂草产生，耕翻后可以利用太阳光将露在地表的杂草晒死，使翻入土壤中的杂草因不见光而烂掉。

图5-106　耕翻土壤除草

3. 覆膜压草

栽植草莓时地面用黑色地膜覆盖（图5-107），由于膜下不见光，杂草便不能生长，在高温多湿地区更适宜。草莓植株地上部分从黑色地膜割小口提到膜面上面，植株周围要用土把地膜口压严，并应注意保护膜面干净，不破损。灌水时可掀起地膜的一面，或在垄沟灌水，通过旁渗湿润土壤，这样高垄土壤不至于板结，更有利于草莓的生长。

图 5-107 覆盖黑地膜防草

4. 轮作换茬

通过稻莓、麦莓、菜莓倒茬等方式进行轮作，这是防治杂草的有效措施，可通过水旱等栽培方式改变杂草群落，控制难以防治的杂草产生，同时也可有效地减轻一部分病虫危害。

5. 药剂除草

除草剂除草具有高效、迅速、成本低、省工等优点。国外在草莓园大量施用除草剂，如草乃敌、环草定、枯草隆、敌草素等。据唐梁楠等资料介绍，中国农业科学院果树研究所对草莓园用除草剂除草的试验，获得了较好的效果。根据防治杂草的对象选择适宜的除草剂，同时考虑药源、价格、安全性以及对后茬作物和邻近作物影响等因素。

土壤处理除草剂用48%氟乐灵乳油，以除治正萌发的许多一年生禾本科和阔叶杂草种子，如防除马唐、牛筋草、狗尾草、稗草、白茅、猪毛菜、狗牙根等杂草，移栽前后土壤处理每公顷可用48%氟乐灵乳油2200～2500mL，兑水750kg定向喷洒土壤，喷后混土，以防光解。

　　茎叶处理除草剂可有效防除禾本科杂草及阔叶杂草，使用时期为杂草出齐苗后。防除禾本科杂草的草莓地可选用的药剂有15%精吡氟禾草灵（精稳杀得）670mL/hm²、10.8%高效盖草能乳油450mL/hm²、5%精禾草克乳油750mL/hm²等。在气温高、土壤墒情好、杂草生长旺盛时施药，除草效果好。防除阔叶杂草须慎重，要针对草莓的生长发育时期，选用不同除草剂，并调整除草剂用量。草莓栽后到越冬前，可用24%乳氟禾草灵（克阔乐）300mL/hm²兑水450kg均匀喷雾，能有效防除马齿苋（图5-108）、反枝苋、灰绿藜等阔叶杂草。草莓采后田间的阔叶杂草，可用24%乳氟禾草灵（克阔乐）375mL/hm²兑水450kg喷雾。当禾本科杂草与阔叶杂草混生时，克阔乐和精吡氟禾草灵（精稳杀得）要错开施用，二者避免混用，否则会产生药害。

（a）　　　　　　　　　　　　　　　（b）

图5-108　克阔乐防除马齿苋前后

参考文献

[1] 邓明琴，雷家军 . 中国果树志 · 草莓卷 [M]. 北京：中国林业出版社，2005.

[2] 张志宏等 . 图说棚室草莓高效栽培关键技术 [M]. 北京：金盾出版社，2009.

[3] 王久兴等 . 图说草莓栽培关键技术 [M]. 北京：中国农业出版社，2010.

[4] 郝保春等 . 草莓病虫害诊断与防治原色图谱 [M]. 北京：金盾出版社，2012.

[5] 杨莉等 . 草莓优质高产栽培技术 [M]. 北京：化学工业出版社，2011.

[6] J. 卡略尔等 . 草莓生产技术指南 [M] 张运涛，张国珍主译 . 北京：中国农业
出版社，2012.

[7] 辛贺明等 . 草莓生产关键技术百问百答 [M]. 北京：中国农业出版社，2007.

[8] 郝保春 . 草莓生产技术大全 [M]. 北京：中国农业出版社，2000.

[9] 张运涛等 . 无公害草莓安全生产手册 [M]. 北京：中国农业出版社，2008.

[10] 周厚成 . 草莓新品种及栽培新技术 [M]. 郑州：中国出版传媒集团中原农民出
版社，2007.

[11] 王运冰等 . 无公害果园使用指南 [M]. 北京：化学工业出版社，2010.

[12]（美）J.L. 麦斯 . 草莓病虫害概论 [M]. 张运涛，张国珍主译 . 第 2 版 . 北京：
中国农业出版社，2012.

[13] 雷家军 . 有机草莓栽培实用技术 [M]. 北京：化学工业出版社，2014.